전국 50개 대학

금융학과
진학 가이드

저자 박경원

인천과 경기 안산에서 500명 이상의 대학입시 수험생과 학부모를 상대로 진학상담을 하였으며,
공공도서관과 입시전문학원에서 수십 회의 진학설명회 강사로 활동하였다. 수험생의 주어진
입시 조건을 활용하여 최적의 전공과 입시전형을 찾아내고자 집중하는 진학큐레이터이다.
대학 진학상담 소외계층을 위하여 찾아가는 방문상담을 꾸준히 진행하고 있다. 우리나라 금융
학과의 발전과 성장을 위하여 금융학과 진학자료집『전국 50개 대학 금융학과 진학 가이드』를
출간하였다.

카페 인천진학연구소 http://cafe.daum.net/incheonjinhak
이메일 adpark1@hanmail.net

전국 50개 대학 금융학과 진학 가이드

2016년 7월 25일 초판 1쇄 인쇄
2016년 7월 29일 초판 1쇄 발행

지은이 박경원
펴낸이 김영호
펴낸곳 아이워크북

등 록 | 제313-2004-000186
주 소 | (03962) 서울시 마포구 월드컵로 163-3
전 화 | (02)335-2630
팩 스 | (02)335-2640
이메일 | yh4321@gmail.com

ISBN 978-89-91581-33-3 53410

전국 50개 대학
금융학과
진학 가이드

박경원 지음

iworkbook
아이워크북

차례

PART 4
금융학과 주요 전형

PART 5
주요 대학 금융학과 입시 요강 및 지원 전략

부록

검손은 사람을 머물게 하고
칭찬은 사람을 가깝게 하고
넓음은 사람을 따르게 하고
깊음은 사람을 감동케 하니

마음이 아름다운 자여
그대 그 향기에 세상이 아름다워라

_정약용 『목민심서』 중에서

금융학과 합격을 기원하며

　　수험생활에 다급한 수험생과 학부모들은 본인이 선택할 전공을 탐색할 여유가 많지 않다. 준비 없이 맞이한 대학생활은 방황, 휴학, 자퇴 그리고 재입학이라는 악순환으로 이어지고 있다. 바람직한 대학생활을 위해서는 고등학교 과정에서 최소한 전공에 대한 기본적인 수준의 지식을 갖도록 노력을 기울여야 한다. 다가오는 대학생활은 낭만으로 점철된 이상향이 아니라, 사회생활을 주체적이고 독립적으로 영위하기 위한 가장 기본이며 상식임을 명심하여야 한다. 대학 전공의 확실한 트랜드로 자리 잡은 금융학과의 진학자료집 『전국 50개 대학 금융학과 진학 가이드』는 이런 연유로 쓰였다.

　　500명이 넘는 학부모와 수험생과 진학, 입시 상담을 진행하면서 느낀 놀라운 사실 한 가지는 대학과 전공에 대하여 너무 무지하다는 사실이다. 현실 생활에 필수품이 된 스마트폰 한 대를 구매하면서도 가격, 성능, 품질, 계약조건 등을 꼼꼼히 따지면서 대학 특히 선택할 학과나 전공에 대해서는 아예 관심조차 없다. 심지어 학부모와 수험생이 지원하고자 하는 대학과 학과의 홈페이지를 한 번도 방문하지 않는다는 사실이다. 전공하고자 하는 학과의 교육 목표, 교육과정, 교수진, 취득 가능 자격증, 졸업 후 진로, 취업률, 미래 산업 발전 가능성 등이 정말 궁금하지 않는 것일까? 어떻게 보면 불필요한 듯 보이는 Part 2와 Part 3은 이런 취지에서 붙였다. (그런 면에서 볼 때 실질적인 진학 가이드를 바로 알고자 하는 이들은 Part 4와 Part 5를 먼저 보아도 좋을 듯하다.)

진학 상담을 하다 보면 이과 성향의 문과 학생과 문과 성향의 이과 학생들의 전공 선택이 매우 어려움을 느낄 때가 있다. 현실의 대학 전공은 문과, 이과의 진입 장벽이 점차 사라지고 융합형, 통섭형 인간을 선호하는 경향을 알 수 있다. 간호학과, 산업공학과, 건축학과, 한의학과 등은 이미 문, 이과를 구분하여 학생을 선발하고 있다. 금융학과는 이러한 추세에 발맞추어 가장 바람직한 전공이라 여겨진다. 일부 대학에서는 문, 이과를 통합 또는 분할하여 일정 정원을 할애하거나 아예 전공을 문, 이과로 구분하여 모집하기도 한다. 우리나라의 고등학교 교육과정도 이에 발맞추어 2018학년도부터 문, 이과 통합 교육 과정을 실시하고자 예정되어 있다.

 핀테크(Fintech)의 대두, 인터넷전문은행(Internet Only Bank)의 허가, 디지털화폐(Digital Money)의 활성화, 사물인터넷(IoT)의 등장, 아시아인프라투자은행(AIIB)의 설립, 금융권의 로보어드바이저(Robo-advisor)의 채택, 빅데이터(Big Data)를 활용한 금융과 ICT의 융합 등으로 오늘날의 금융은 급격한 변화의 시대를 맞고 있으며, 무한대의 확장성은 누구도 금융의 미래를 섣불리 예측하기 어렵게 하고 있다.

 이에 발맞추어 우리나라 금융의 미래를 선도할 위대한 금융학자, 존경받는 금융기관 임직원, 공명정대한 금융감독기관, 스마트한 금융소비자가 어우러진 금융생태계의 생성과 지속적인 금융 산업의 발전을 기대해 본다. 미래 한국은 전통적인 제조업, 한류 문화, 미래첨단산업과 더불어 금융 산업의 성장이 조화롭게 전제되어야만 무한경쟁의 시대를 선도할 수 있다. 또한 경쟁력 있는 금융 산업의 육성과 독창적이고 선도적인 금융상품의 개발, 창의적이고 혁신적인 금융 인재를 발굴하는 것이 무엇보다 중요한 시기이다.

『전국 50개 대학 금융학과 진학 가이드』는 우리나라 대학에서 확고한 트렌드로 자리 잡고 있는 금융학과의 진학에 관하여 심층적으로 분석하는 우리나라 최초의 진학 자료집이다. 세계 역사를 살펴보면 역사에 기록된 위대한 제국들은 하나같이 당대의 금융 선진국이었다. 이 책은 5부와 부록으로 구성되어 있다. PART 1 대학입시 4단계, PART 2 금융, PART 3 금융학과, PART 4 금융학과 주요 전형, PART 5 주요 대학 금융학과 입시 요강 및 지원 전략 그리고 부록으로 구성되었다.

아무쪼록 『전국 50개 대학 금융학과 진학 가이드』가 금융학과의 진학을 희망하는 수험생들과 학부모, 진학을 지도하는 선생님과 입시전문가들에게 작은 도움이라도 되었으면 한다.

이 책이 출판되기까지 도움을 아끼지 않은 아이워크북 김영호 대표와 평생 기도로 아들을 후원해 주신 부모님, 언제나 웃음을 잃지 않고 곁을 지켜준 아내, 그리고 교정에 애써준 사랑하는 두 딸 신혜, 신지와 함께 출판의 기쁨을 함께하고자 한다.

2016년 7월
인천진학연구소 진학큐레이터 박경원

PART 1

대학입시 4단계

우리나라 대학입시 사상 최초로
대학 진학 과정을 순차적으로 정리하여 보았다.
대학입시는 크게 4단계로 구분할 수 있는데,
1단계 탐색,
2단계 선택과 집중,
3단계 검토와 조정,
4단계 결정단계로
나누어 살펴볼 수 있다.

500명이 넘는 수험생과 학부모와 진학상담을 진행하면서 우리나라 대학입시 사상 최초로 대학 진학 과정을 순차적으로 정리하여 보았다. 대학입시는 크게 4단계로 구분할 수 있는데 1단계 탐색, 2단계 선택과 집중, 3단계 검토와 조정, 4단계 결정단계로 나누어 살펴볼 수 있다. 일반적으로 탐색→선택과 집중→검토와 집중→결정은 단계적으로 진행되지만, 단계별 과정은 기간의 장단기에 상관없이 중복되거나 건너뛰어 나타나기도 한다.

결정
(DECISION)

검토와 조정
(REVIEW & REGULATION)

선택과 집중
(CHOICE & CONCENTRATE)

탐색
(SEARCH)

대학입시 4단계

Ⅰ. 탐색(SEARCH) 단계

탐색의 시기는 학생의 처한 환경, 학업 성취도, 진학 준비 상황, 고등학교 진학 형태, 진로 찾기에 따라 얼마든지 다르게 나타난다. 순차적으로 나타나기도 하고 중복되어 진행되기도 한다. 탐색단계의 중요 부분을 자아발견, 진로 찾기, 직업 탐구, 독서습관으로 나누어 살펴보기로 한다.

1. 자아발견

시간의 흐름에 따라 변화해 나가는 개인의 생애를 일정한 단계로 구분한 생애 주기(Life Cycle)로 보면 영아기는 생후 24개월까지, 유아기는 만 3세에서 5세까지, 아동기는 만 6세에서 11세까지, 청소년기는 만 12세에서 19세까지, 성년기는 만 20세에서 39세까지, 중년기는 만 40세에서 59세까지, 노년기는 만 60세 이후 사망할 때까지로 구분한다.

인간은 영아기, 유아기, 아동기, 청소년기와 성년기로 성장하는 동안 자신에 대한 하나의 모습을 형성하게 되는데, 이것을 '자아'(自我)라고 한다. 자아란 여러 가지 판단을 내리고 행동을 결정하는 주체를 의미한다. 따라서 자기 자신의 특성과 제반 환경에 대한 이해가 전제되면 자아에 대한 정체성과 존중감이 확립되어 자신의 미래를 그려 볼 수 있다. 그러므로 대학진학에 있어서 자기 자신의 가치관, 성격, 적성, 흥미와 처해진 현실을 빠르고 정확히 파악할수록 좋은 결과를 얻을 수 있으며 지원학과와 전공 선택에 결정적인 도움이 된다.

우리나라 평균수명(통계청 자료 2015. 8. 3 현재 평균수명 81세, 건강수명 71세)을 편의상 80세라고 할 때, 생애를 하루 24시로 비유한다면 중, 고등학교 시기는 오전 4시 30분에서 6시라 할 수 있다. 단순 계산으로 말한다면 인생의 25%를 탐색하고 앞으로 살아갈 75%를 준비하는 기간이다. 이 기간을 얼마나 건강하게 성장하고 현명하게 투자하느냐에 따라 다가올 미래의 방향이 다르게 나타난다.

'좋은 나무는 쉽게 크지 않습니다'라는 제목의 시에 나오는 "봄 오기 직전이 가장 추운 법이고 / 해뜨기 직전이 가장 어두운 법입니다"라는 시어가 정확히 어울리는 시기이다. '몹시 빠르게 부는 바람과 무섭게 소용돌이치는 큰 물결'을 이르는 질풍노도(疾風怒濤)의 시기라고도 한다.

하루 24시로 보는 청소년기 시간대

2. 진로 찾기

우리나라 청소년의 경우에 1차적으로 영아기부터 유아기와 아동기를 거쳐 청소년기에 이르는 시간이 진로 찾기의 기간이라 할 수 있다. 그러나 10명 중 3명의 고등학생들은 대학진학과 사회 진출을 앞둔 시점에서도 진로를 정하지 못하고 있다.

손석희 앵커가 진행하는 JTBC 뉴스룸 '탐사플러스'(2016. 2. 29)에서 방송된 "공무원, 건물주가 '꿈': 청소년들의 현주소편" 리포트를 보면 진로 찾기의 중요성을 알 수 있다. 특히 주목할 부분은 중, 고등학생의 경우 10명 중 3명이 꿈이 없다고 답변했다는 사실이다.

"취재진이 직접 서울 시내 초, 중, 고등학생 830명을 대상으로 장래 희망을 물어봤습니다. 장래 희망이 있다는 청소년 가운데는 초·중·고교에서 모두 아이돌이나 운동선수 등 문화체육인이 1위를 차지했습니다. 경제적으로 풍족하기 때문이라는 이유가 가장 많았습니다. 공동 2위는 교사와 대학교수가 차지했습니다. 오래 일할 수 있고, 연금이 나오는 등 안정적이라는 이유 때문이었습니다.

[수입이 적은 것도 아닌데, 잘리지도 않고 안정적이니까요.]

사회적으로 선망받는 직업을 묻는 질문에도 문화체육인과 교사가 각각 1위와 3위로 꼽혔습니다. 하지만 학년이 올라갈수록 안정성과 소득을 따지는 경향이 뚜렷했습니다.

고등학생들은 가장 선망하는 직업 1위로 '공무원'(22.6%)을, 2위로는 '건물주와 임대업자'(16.1%)를 꼽았습니다. 이유 역시 '안정적이어서'(37.5%), '높은 소득이 보장되기 때문에'(28.5%)라는 답변 순이었습니다.

특히 초등학생의 경우 '장래희망이 없거나 생각해본 적 없다'고 답한 비율이 6.1%에 그쳤지만 중, 고등학생의 경우 10명 중 3명이 꿈이 없다고 답했습니다.

한국직업능력개발원이 2014년 7월 전국 초중고교생 18만 402명을 대상으로 실시한 '2014년 학교진로교육 실태조사'를 분석한 결과 중, 고등학생 10명 중 3명은 자신의 희망 진로가 없는 것으로 나타났다."

진로 찾기의 시기를 명확하게 규정할 수는 없지만 가급적 빠를수록 효과적이다. 특히 대학진학을 목전에 둔 수험생과 학부모는 지원하고자 하는 전공과 대학을 결정하여야 한다. 매년 대학입시 수시전형에서 학생부종합전형이 확대되는 시점에서 최소한 고등학교 입학 전에는 진로 찾기가 이루어져야 한다. 다음은 진로 적성을 검사하는 사이트이다. 적극 활용하면 진로 찾기에 많은 도움이 되리라 확신한다.

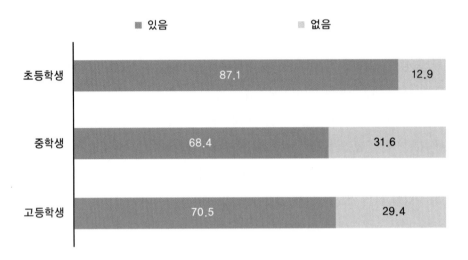

(단위 : %)

■ 있음　　　　　　　　　■ 없음

	있음	없음
초등학생	87.1	12.9
중학생	68.4	31.6
고등학생	70.5	29.4

진로적성검사 사이트

○ 서울진로진학정보센터(www.jinhak.or.kr): 진로적성검사, 진학자료, 진학진
　로상담실

○ 애니어그램(www.enneamind.com): 직업적성을 알아보는 성격검사

○ 워크넷(www.work.go.kr): 청소년 직업흥미검사, 고등학생 적성검사, 직업가
　치관검사, 청소년 진로발달검사, 청소년 직업인성검사, 대학 전공(학과) 흥미
　검사, 직업정보, 학과정보, 진로상담, 직업 학과 동영상 등

○ 커리어넷(www.career.go.kr): 직업정보, 진로심리검사, 학과 정보

○ 청소년 워크넷(www.youth.work.go.kr): 직업심리검사, 직업정보, 진로 상
　담, JOB SCHOOL

○ 한국가이던스(www.guidance.co.kr): e심리검사, 심리상담센터, 진로진학학
　습정보, 학교표준화심리검사

○ 한국청소년상담복지개발원(www.kyci.or.kr): 심리상담실, 청소년/부모/전문
　가 코너

3. 직업 탐구

우리나라 헌법 제32조 1항 '모든 국민은 근로의 권리를 가진다. 국가는 사회적·경제적 방법으로 근로자의 고용의 증진과 적정임금의 보장에 노력하여야 하며, 법률이 정하는 바에 의하여 최저임금제를 시행하여야 한다.' 2항 '모든 국민은 근로의 의무를 진다. 국가는 근로의 의무의 내용과 조건을 민주주의 원칙에 따라 법률로 정한다'고 기록되어 있으나 현실적으로 근로의 권리와 의무를 떠나서 근로의 일자리 자체가 없는 실정이다. 요즈음 채용 시장에서 회자되는 신조어 '취업을 위해 쌓아야 하는 취업 9종 세트'(구직자의 '학벌, 학점, 토익, 어학연수, 자격증, 공모전 입상, 인턴 경력, 사회봉사, 성형수술 등)와 '5포 세대'(연애, 결혼, 출산, 내 집 마련, 인간관계까지 포기하는 세대)는 취업 시장의 어려움을 대변하고 있다.

다행스럽게도 중학교의 자유학기제의 시행, 시도교육청의 진로진학정보센터의 운영, 각급 학교의 진로진학상담실의 설치와 진로진학전담교사의 배치, 위탁교육기관의 전문 강사 초빙, 진로캠프의 운영, 직장 체험 프로그램, 진로 집중학기제의 개설 등으로 진로교육의 활성화는 늦은 감이 있으나 대단히 반가운 현상이다.

직업이란 '개인이 사회에서 생활을 영위하고 수입을 얻을 목적으로 다양한 일에 종사하는 지속적인 사회 활동'을 말한다. 고용노동부에서 운영하는 일자리 정보 사이트 워크넷에 의하면 2013년 12월 현재, 우리나라 직업의 종류는 직업명 기준으로 10,971개에 달하며 금융, 보험 관련 직업이 503개에 이르고 있다.

"이제 끝났나 했더니 다시 시작이네"라는 자조 섞인 이야기를 듣곤 한다. 대학에 입학하면 모든 문제가 해결되는 줄 알았지만 졸업 후 취업이라는 더 큰 난관에 봉착한다는 사실이다.

2016년 3월 9일부터 15일까지 서울에서 이루어진 프로기사 이세돌과 인공지능 알파고와의 세기의 바둑대결은 승패를 떠나서 미래의 변화를 보여주는 단초를 제공하고 있다. 미래에는 일자리 없는 경제성장이 지속될 전망이다. 혁신적인 과학기술은 미래 노동시장을 급격하게 변화시킬 것이며, 수많은 일자리가 사라지고 새로운 일거리가 생겨난다. 변화하는 노동시장에서 농경시대의 근면과 성실로는 더 이상 생존할 수 없다. 미래에 가치 높은 일을 하기 위해서는 새로운 지식을 끊임없이 배우고 지적자본을 축적해야 한다. 미래는 다가오는 것이 아니라 부딪치는 것이다. 국가와 사회가 청년들을 위하여 취업과 근로의 구조적인 모순의 해법을 제시해야 하지만 개인도 다가올 미래를 위하여 노력을 게을리하지 말아야 한다.

4. 독서 습관

마이크로 소프트의 CEO 빌 게이츠는 "오늘의 나를 있게 한 것은 우리 마을의 도서관이었다. 하버드 대학 졸업장보다 소중한 것은 독서하는 습관이다"라고 하였으며, 미국의 사상가 헨리 데이비드 소로우는 "한 권의 책을 읽음으로서 자신의 삶에서 새 시대를 본 사람이 너무나 많다"고 하였고, 교보생명 설립자 신용호 회장은 "사람은 책을 만들고 책은 사람을 만든다"고 하였다. 성공하는 사람들의 불멸의 공통점은 '독서 습관'일 정도로 독서의 중요성은 아무리 강조해도 지나치지 않다. 우리 학생들은 '일생 동안 3개 이상의 영역에서, 5개 이상의 직업과 12-25개의 서로 다른 직무를 경험하게 될 것이다.' 위와 같이 자아발견, 진로 찾기, 직업 탐구는 인생에서 전환점을 맞이할 때마다 독서 습관이 커다란 힘을 발휘할 것을 암시한다.

조선닷컴 2016. 3. 7자 창간 96주년 특집 읽기 혁명 '책 많이 읽은 저소득층 자녀, 독서 안 한 중산층 자녀보다 수능점수 10~20점 더 받아'라는 제목의 기사는 독서의 중요성에 대해 시사하는 바가 크다.

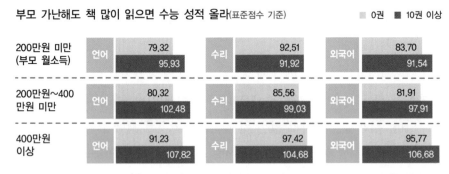

부모 가난해도 책 많이 읽으면 수능 성적 올라(표준점수 기준)   ▨ 0권 ■ 10권 이상

(부모 월소득)	언어		수리		외국어	
200만원 미만	79.32	95.93	92.51	91.92	83.70	91.54
200만원~400만원 미만	80.32	102.48	85.56	99.03	81.91	97.91
400만원 이상	91.23	107.82	97.42	104.68	95.77	106.68

※2004년 당시 고 3 4000명 조사. 수능은 2005학년도. 독서량은 고교 3년간 읽은 문학서적(자료:한국직업능력개발원)

유사 이래로 인류가 발견한 유, 무형의 재화와 지식 중에서 가격 대비 성능 즉 가성비가 가장 높은 행위는 독서라고 확신한다. 일자리보다는 일거리가 우선시되고, 평생학습이 일반화되는 미래 노동시장에서는 독서의 중요성은 더 이상 강조할 필요가 없다.

독서활동은 수시모집 학생부종합전형에서 매우 중요한 비교과활동이며 면접의 질문 문항으로 가장 활용도가 높다. 금융학과 진학 예정자를 위하여 인문 교양서, 입학 안내서, 금융 진로 안내서, 금융 경제 입문서로 나누어 참고할 만한 책을 소개한다.

참고문헌

■ 인문, 교양서

* 10대에게 권하는 인문학 / 연세대인문학연구원 / 글담출판사
  — 연세대 인문학연구원 인문학자 5명이 풀어 쓴 최초의 청소년 인문서
* 강의 / 신영복 / 돌베게
  — 나의 동양고전 독법
* 과학콘서트 / 정재승 / 어크로스
  — 50만 독자가 선택한 한국 과학책의 전설
* 고전은 나의 힘 사회 읽기 / 박현희 외 / 창비
  — 청소년들이 꼭 읽어야 할 동서양의 사회 과학 고전 29편을 한 권에 담았다.
* 꿈꾸는 다락방 / 이지성 / 국일미디어
  — 부의 격차보다 중요한 꿈의 격차 생생하게 꿈꾸면 이루어진다
* 멈추면, 비로소 보이는 것들 / 혜민 / 쌤앤파커스
  — 혜민 스님과 함께하는 내 마음 다시보기
* 멋진 신세계 / 올더스 헉슬리 / 문예출판사
  — 문예출판사 세계문학 (문예 세계문학선) 2
* 미학오딧세이 / 진중권 / 휴머니스트
  — 미학의 세계를 열어준 우리 시대의 고전

* 소유냐 삶이냐 / 에리히 프롬 / 홍신출판사
　　ー 소유와 존재의 양극 사이에서 다양하게 존재하는 인간들에게, 물질적 소유와 탐
　　욕의 소유 양식에서부터 창조하는 기쁨을 나누는 존재양식으로의 일대 전환이 필요
　　하다
* 아프니까 청춘이다 / 김난도 / 쌤앤파커스
　　ー 인생 앞에 홀로 선 젊은 그대에게
* 역사란 무엇인가? / 에드워드 카 / 까치글방
　　ー 역사란 '과거와 현재의 대화' 또는 '과거의 사실과 현재의 역사가의 대화'이다.
* 역사의 연구 / 아놀드 토인비 / 동서문화사
　　ー 국가 단위 역사관과 서유럽문명을 중심으로 하는 문명관을 극복하고, 세계사에
　　21개의 문명권을 설정하여 그 가치와 의미를 다룬 책
* 연금술사 / 파울로 코넬료 / 문학동네
　　ー '위대한 업'은 하루아침에 이루어지는 게 아니었다. 우리 모두 자신의 보물을 찾아
　　전보다 더 나은 삶으로 전화하는 것
* 오래된 미래 / 헤레나 노르베리-호지 / 중앙북스
　　ー 라다크로부터 배우다, 공식 한국어판
* 왜 세계의 절반은 굶주리는가 / 장 지글러 / 갈라파고스
　　ー 기아에 관한 어느 국제전문가의 비망록
* 이기적 유전자 / 리처드 도킨스 / 을유문화사
　　ー 원제 The Selfish Gene (1976년)
* 정의란 무엇인가 / 마이클 센델 / 김영사
　　ー 한국 200만부 돌파, 37개국에서 출간된 세계적 베스트셀러
* 페르마의 마지막 정리 / 사이먼 싱 / 영림카디널 /
　　ー 수학 역사상 최대의 수수께끼이며 난제인 페르마 증명의 역사
* 코스모스 / 칼 세이건 지음 / 사이언스북스
　　ー 시간과 공간을 초월한 빅 히스토리. 우리도 코스모스의 일부이다. 이것은 결코 시
　　적 수사가 아니다
* 청소년을 위한 사회학 에세이 / 구정화 / 해냄
　　ー 구정화 교수가 들려주는 교실 밖 세상 이야기
* (청소년을 위한) 지금 시작하는 인문학: 가로읽기 / 주현성 / 더 좋은 책

— 입시에 바쁜 청소년들에게도 꼭 필요한 지식들을 청소년들의 눈높이에 맞춰 흥미
진진하게 풀어낸 인문학 안내서이다

* (청소년을 위한) 지금 시작하는 인문학: 세로읽기 / 주현성 / 더 좋은 책
— 입시에 바쁜 청소년들에게도 꼭 필요한 지식들을 청소년들의 눈높이에 맞춰 흥미
진진하게 풀어낸 인문학 안내서이다

* 총균쇠 / 제레드 다이아몬드 / 문학사상
— 무기. 병균. 금속은 인류의 운명을 어떻게 바꿨는가

■ 입시 진학 안내서

* 2017 대학입시로드맵 / 이만기 / 경향에듀 /
— 확 바뀐 대입제도 최신 정보로 대비하라!

* 2017 대입전형의 이해와 대비 / 서울특별시교육연구정보원
— 서울시 교육정보연구원이 발간한 2017학년도 대입전형의 전략서

* 2016 대입은 전략이다 / 김형일 / 중앙일보교육법인 /
— 명문대 진학 전략 20선

* 고3사용설명서 / 김혜남 외 / 지상사
— 대입 2015 입시-학습전략, 고등학교 진학부장 선생님 17인이 짰다

* 복잡한 대학입시 간단하게 준비하기 / 조성학 / 북랩 /
돈 한 푼 들이지 않고 좋은 대학 가는 방법!

* 스터디코드3.0 / 조남호 / 웅진윙스
공부법 혁명가 조남호, 서울대생의 절대적인 공부법을 소개하다!

* 엄마가 세우는 대학입시 전략 / 임성호 지음 / 웅진윙스 /
1000명의 엄마가 묻고, 하늘교육 임성호가 답하다

■ 금융 진로 안내서

* 2013 직업선택을 위한 학과정보 / 한국고용정보원 직업연구센터
한국고용정보원 직업연구센터이 발간한 직업선택을 위한 학과정보

* 2015 한국직업전망 / 한국고용정보원 고용노동부 02 금융, 보험관련직

* 금융인이 말하는 금융인 / 강세훈, 김인수, 서나래, 이건희, 김성욱 / 부키
27명의 은행원, 증권맨, 보험맨들이 솔직하게 털어놓은 흥미진진한 금융인의 세계

* 나의 직업 : 은행원 / 청소년행복연구실 / 동천출판
* 두리번 청소년진로잡지 Vol 25 금융편 / 감지덕지 2014. 08월호
* 뭘 해도 괜찮아 / 이남석 / 사계절
        꿈을 찾는 진로의 심리학
* 영머니 / 케빈루스 / 부키
        나는 욕망의 월스트리트로 출근한다
* 중고생 한국직업사전-알고싶은 직업, 만나고 싶은 직업 / 한국고용정보원 직업연구센터
* 지방대 날라리의 월스트리트 입성기 / 김희중 / 두앤비컨텐츠
        꿈 제로 20대 대학생의 유학&취업 성공기!
* 청소년이 궁금해 하는 99가지 직업 이야기 01. 경영, 금융, 기획 관련직 / 한국고용정보원
        직업연구센터
* 회계사가 말하는 회계사 / 강성원 / 부키
        15명의 회계사들이 솔직하게 털어놓은 회계사의 세계

■ 금융, 경제학 입문서
* 17살 경제학 플러스 / 한진수 / 책읽는 수요일
        학교에서는 가르쳐주지 않는 살아 있는 경제 이야기! * 17살 돈의 가치를 알아야 할
        나이 / 한진수 / 책읽는 수요일 야무진 경제 습관을 길러주는, 쉽고 재미있는 돈과 금
        융 이야기!
* 알기 쉬운 금융지식 / 매일경제 경제경영연구소 / 매경신문사
        틴매경TEST 금융편
* 경제의 고전을 읽는다 - 고전편 / 김진방 외 / 더난출판사
        현대인이 알아야 할 경제학의 모든 것
* 경제의 고전을 읽는다 - 현대편 / 김진방 외 / 더난출판사
        복잡한 세상을 꿰뚫는 현대 경제학을 만나다
* 경제학 콘서트 / 팀 하포드 / 웅진지식하우스
        복잡한 세상을 이해하는 명쾌한 경제학의 세계
* 그들이 말하지 않는 23가지 / 장하준 / 부키
        원제 23 Things They Don't Tell You About Capitalism
* 금융으로 본 세계사 / 천위루, 양천 / 시그마북스

솔론의 개혁에서 글로벌 경제 위기까지. 시대별로 국가, 인물, 사건으로 나눠서 금융을 핵심으로 삼아 유머러스하고 유쾌한 언어로 금융사를 들려준다.

* 돈의 물리학 / 제임스 오언 웨더롭 / 비즈니스맵 /
    돈이 움직이는 방향과 속도를 예측하다
* 맨큐의 경제학 / 그레고리 맨큐 / 센게이지러닝
    경제학은 인간의 일상생활을 연구하는 학문이다
* 보노보은행 / 이종수 유병선 등 / 부키
    착한 시장을 만드는 '사회적 금융' 이야기
* 부의 탄생 / 윌리엄 번스타인 / 시아퍼블리서스
    미래 시장의 재편과 권력의 이동
* 살아 있는 경제학 이야기 / 중웨이웨이 / 글담출판
    10대가 묻고 18명의 경제학자가 답하는 10대를 위한 문답수업
* 엘빈 토플러 청소년 부의 미래 / 앨빈 토플러, 하이디 토플러 / 청림출판
    제4의 물결을 헤쳐 갈 미래의 주인공들을 위해 만든 책
* 왜 그들만 부자가 되는가 / 필립바구스 외 / 청림출판
    부자들은 점점 더 부유해지고 가난한 사람들은 점점 더 가난해지는 이유는 무엇인가?
* 자본주의 / EBS(자본주의)제작팀 정지은 고희정 / 가나출판사
    EBS 다큐프라임 제40회 한국방송대상 대상 수상작
* 자본주의 사용설명서 / EBS(자본주의)제작팀 정지은 고희정 / 가나출판사
    EBS 다큐프라임 제40회 한국방송대상 대상 수상작
* 저는 경제공부가 처음인데요! / 곽해선 / 한빛비즈
    경제라는 말만 나오면 소심해지는 사람들의 고민을 해결해주는 책.
* 프로테스탄트 윤리와 자본주의 정신 / 막스 베버 / 다락원
    금욕과 탐욕 속에 숨겨진 역사적 진실
* 청소년을 위한 경제의 역사 / 니콜라우스 피퍼 / 비룡소
    농경의 시작에서부터 자본주의의 성립까지, 역사를 뒤바꾼 34가지 경제 이야기를 담아낸 청소년 경제 학습서
* 청소년을 위한 금융 경제 핵심정리 / 매일경제 경제경영연구소 / 매경출판
    틴매경TEST 공식 기본서
* 청소년을 위한 손에 잡히는 경제 / 류대현 / 새로운 제안

청소년들이 금융지식과 경제지식을 접하기에 가장 좋은 '경제지표'를 중심으로 쉽고 재미있게 전달하는 책

서울대 합격의 조건(중앙일보 2016. 04. 27) 제하의 기사를 보면 서울대 합격생 82명의 독서활동은 일반고 출신의 경우: 일반전형 35권, 지역균형 30권, 특목고, 자사고 출신의 경우: 일반전형 33권, 지역균형 44권의 책을 읽었다고 기록하였다.

서울대 합격생 82명 중 문과 학생 31명이 가장 많이 읽은 책은 1.『왜 세상의 절반은 굶주리는가?』(장 지글러), 2.『난장이가 쏘아올린 작은 공』(조세희), 3.『경제학콘서트』(팀 하포드), 4.『정의란 무엇인가』(마이클 샌델), 5.『엄마를 부탁해』(신경숙), 6.『1984년』(조지 오엘), 7.『동물농장』(조지 오엘) 등이 상위에 랭크되어 있다.

II. 선택과 집중(CHOICE & CONCENTRATE) 단계

무엇을 선택하고, 어떻게 집중할 것인가? 현명한 선택은 기회비용(Opportunity Cost)과 매몰비용(Sunk Cost)을 최소화하며 효과적인 집중은 최선의 결과를 도출할 수 있다. 제2단계 선택과 집중에서는 대학과 전공, 인문계열과 자연계열, 수시와 정시전형, 미래의 직업의 전망에 대하여 살펴보기로 한다.

1. 대학과 전공의 선택

학벌보다 능력이 중요시되는 사회로의 전환은 대학보다 전공 선택의 중요성을 가중시킨다. 대학의 전공은 인문계열, 사회계열, 자연계열, 공학계열, 의학 보건계열, 교육계열, 예체능계열 등 크게 7개의 계열로 구분되며 계열별로 학문적 특성과 요구되는 적성 그리고 졸업 후 사회 진출 영역은 대부분 유사하게 나타난다.

수험생과 학부모가 진학하고자 희망하는 대학과 학과에 합격한다면 더 이상 바람이 없겠지만 대부분의 경우 진학하고자 하는 대학과 희망하는 전공 사이에 고민을 거듭하게 된다. '대학이 먼저냐? 전공이 먼저냐?'는 '닭이 먼저냐? 달걀이 먼저냐?'의 오래된 논제처럼 명쾌한 해답이 없다.

목표 대학은 자신의 적성, 흥미, 처한 환경, 주위의 희망, 미래 직업 탐구 등을 고려하여 설정하여야 하지만 자신의 예상 성적이 목표 대학의 지원 전공에 미달할 경우 심각한 고민에 빠지게 된다.

최상위권 수험생의 경우 어느 정도 대학과 전공 선택의 여유가 있고 대학을 우선순위에 두고 대학입학 후 복수전공, 부전공을 선택하여 전공의 선택을 확대할 수 있지만, 상위권, 중위권 수험생의 경우 철저하게 전공 위주로 입시전략을 수립하는 것이 바람직하다. 최상위 대학에 합격하고도 다른 대학 의대, 치대, 한의대로 진학하는 경우를 보면 대학의 간판보다는 전공이 우선시 되는 사회에 진입되었다고 할 수 있다.

진학 상담을 하다 보면 자신의 능력을 과신하여 무리한 목표를 설정하는 경우가 있다.

　　M학생은 의대 진학을 희망하지만 성적을 살펴보면 도저히 가능성이 없어 보였다. 상담의 결론은 미래 유망 직업으로 떠오르는 보건의료 분야의 의공학을 추천하여 주었으며 어렵지 않게 합격하여 활기찬 대학생활을 영위하고 있다. 인문계에서도 명문대에는 개설되어 있지 않지만 졸업 후 사회에서 유용하게 활용될 수 있는 전공이 많이 개설되어 있다. 어문계열의 경우 영어, 중국어, 일본어, 프랑스어, 러시아어, 아랍어 등의 제2외국어를 제외하고 특수외국어를 눈여겨 볼만하다. 우리나라와 3대 교역권인 아세안 10개국 중에서 새롭게 부상하고 있는 미얀마의 언어인 미얀마어는 부산외대에만 전공이 개설되어 있으며, 베트남어는 한국외대, 부산외대, 청운대 등 3개 대학에, 마인어(말레이 · 인도네시아어)는 한국외대, 부산외대, 영산대 등 3개 대학에 개설되어 있다. 앞서 언급한 특수 외국어와 연관 산업(교육 금융 무역 · 통상 물류 의료 등)을 접목시킨다면 취업이 한결 쉽게 해결될 수 있다. 따라서 사회 수요에 비해서 인력 공급이 적고 미래 발전성이 있는 학과에 주목해야 한다. 요즈음 '문과라서 죄송합니다', 소위 문송이라는 말이 있다. 하지만 인문계열에도 레드오션만 있는 것은 아니다.

2. 인문계열과 자연계열의 선택

　　인문계열과 자연계열의 선택은 좋아하는 학과목, 교과 성적, 비교과의 준비 정도, 적성, 진로와 미래 산업 환경 등을 고려하여 현명한 선택을 하여야 한다.

　　수능에서 2015학년도부터 영어영역의 A/B형 출제를 폐지했고, 2017학년도에는 국어영역에서도 A/B형 출제를 폐지할 예정이며, 수학 영역은 인문계열과 자연계열을 구별하여 출제한다. 따라서 수학과 탐구영역의 중요성이 증가될 전망이다.

　　대부분 주요 대학은 자연계열에서 수학 가형과 과학탐구를 지정하고 있어 교차 지원이 불가능하다. 인문, 자연계열의 융합적인 학문이나 학과 합격 성적이 높지 않은 중하위권 대학 자연계열학과 가운데 일부는 인문계열 우수 학생 유치를 위하여 교차 지원을 허용하고 있다.

　현행 대학입시 제도에서는 인문, 자연계열을 막론하고 수학을 포기하고 상위권 대학에 진학하기란 매우 어렵다고 할 수 있다.

　다만 인문계열이라도 금융학과, 경영학과, 경제학과, 물류학과, 심리학과, 통계학과 등은 수리적 개념이 요구되므로 수학을 선호하지 않는 학생은 가급적 지원하지 않는 것이 현명한 선택이다.

　우리나라 인력 수급 현황을 보면 인문계열은 공급보다 수요가 적고 자연계열은 공급보다 수요가 많다.

　2018년도부터 시행되는 고교 교육과정의 핵심은 미래 융합형, 통섭형 인재의 양성을 위한 인문, 자연계열의 통합이다. 인문, 사회, 과학기술에 대한 기초 소양을 함양할 수 있는 인문, 자연계열의 구분이 없는 통합사회, 통합과학 과목이 신설된다.

3. 수시와 정시의 선택

　현행 대학입시 제도에서는 신속한 판단과 정확한 정보의 활용이 대학 합격과 불합격에 커다란 영향력을 미친다. 제1단계 탐색, 제2단계 선택과 집중의 과정을 거치면서 초지일관의 자세로 나아가지 않으면 실패할 확률이 매우 높다.

　대학입시에서 수시전형은 점차 확대되고 있으며 특히 학생부전형 중에서 학생부종합전형은 획기적으로 증가할 전망이다.

　대학 모집 정원 중에서 2015학년도는 수시전형 64.0%, 정시전형 36.0%, 2016학년도는 수시전형 66.7%, 정시전형 33.3%, 2017학년도는 수시전형 69.9%, 정시전형 30.1%를 선발할 예정이다. 대학입시 전형의 여러 가지 요소인 학생부, 논술, 적성, 특기, 수능 가운데 핵심은 수능임을 명심해야 한다.

　진학 상담할 때 가장 핵심적으로 하는 질문은 수험생과 부모가 심정적으로 허용할 수 있는 최저치의 전공과 대학의 선택이다. 대부분 가고 싶은 전공과 대학만 상정하고 있지 진학할 수 있는 전공과 대학은 생각하고 있지 않다. 역설적으로 말한다면 안정적으로 합격할 수 있는 전공과 대학의 최저치를 예상한다면 입시전략을 순조롭게 구축할 수 있다.

수시전형은 보통 1학기가 종료되는 시점을 기준으로 고교 교육과정 중에 실시되는 전형이며 수능 성적으로만 학생을 선발하지 않고 다양한 능력과 재능을 반영하기 위해 정시모집에 앞서 대학이 자율적으로 기간과 모집인원을 정해서 신입생을 선발하는 전형이다. 수시모집에 합격하면 정시모집에 응시할 수 없다.

재학생의 경우 특별한 경우를 제외하면 수시전형에 주력하는 것이 원칙이다. 매년 학생부종합전형을 비롯한 수시전형 인원이 증가하고 있다. 2017학년도 수시전형의 입시 전략을 간략하게 알아본다.

2017학년도 수시전형 입시 전략

◆ 재학생은 수시에 집중한다

재학생의 경우 정시의 N수생 강세 현상, 수시 횟수 6회 제한, 수시 모집 미등록 충원, 수시 모집인원 증가 등으로 인해 특별한 사례를 제외하고 수시전형에 정시전형보다 많은 비중을 두어야 좋은 결과를 얻을 수 있다.

더욱 학생부종합전형의 확대는 고등학교 입학부터 꾸준히 준비하여야 좋은 성과를 거둘 수 있다. 2017학년도 대학입시에서 수시모집은 69.9%로 정시전형에는 30.1%를 선발한다.

◆ 모의평가 성적을 참고하여 지원대학 수준을 파악한다

수능 성적이 우수하면 정시뿐만 아니라 수시 합격의 가능성을 높일 수 있다. 수능 최저등급의 확보는 수시 합격의 필수조건이다. 수능은 수시모집과 정시모집의 합격을 좌우하는 중요한 상수이다. 수능최저학력기준 적용 여부와 수준에 주목해야 한다.

◆ 학벌인가, 전공인가?

상위권 수험생들의 경우 정시의 여유가 있지만 중위권 이하의 수험생인 경우 학교의 명성이나 학벌보다는 적성, 흥미, 미래의 산업 전망 등을 먼저 고려하여 전공을 정하는 것이 바람직하다. 미래의 직업 세계는 '일자리'가 아니라 '일거리' 위주로 재편될 것이다. 주요 대학에 없는 전공을 노려라.

◆ 냉철하게 객관화하라

대학입시는 사회로 진출하는 시험대이자 관문이다. 비슷한 성적과 스펙으로도 결과는 판이하게 다르게 나타난다. 수험생, 학부모, 선생님, 전문가들의 의견을 최대한 수렴하여 '나'를 객관화하라. 이것만이 실패를 최소화하는 길이다.

◆ 철저히 준비하라

유비무환(有備無患). 입시전형을 정하였다면 철저하게 준비하라. 학생부(종합/교과), 논술, 적성, 면접, 특기자 등 정보와 전형은 다양하다. 취사선택하여 경주하는 말처럼 앞만 보고 나가야 한다. 기회는 한 번밖에 없다고 생각하자. 수시모집의 전형별 모집인원을 보면 학생부교과, 논술, 적성검사 전형의 모집은 줄고, 학생부 종합전형이 모집은 증가했다.

또한 대학입시에서 정보의 중요성은 두말할 필요가 없다. 대학입시에 유용한 정보를 제공하는 인터넷 사이트를 소개한다. 정확한 정보의 적절한 활용은 대학입시의 기본 중의 핵심이다.

* 거인의 어깨 http://www.estudycare.com
* 네이버 카페 국자인 http://cafe.naver.com/athensga/
* 다음 카페 파파안달부루스 http://cafe.daum.net/papa.com
* 대학교육협의회 대학입학상담센터 http://univ.kcue.or.kr/
* 미즈내일 교육사이트 http://www.miznaeil.com/
* 베리타스알파 http://www.veritas-a.co

* 어디가 http://www.adiga.kr: 교육부가 운영하는 대입정보포털 서비스
* 진학닷컴 http://www.jinhak.com/
* 퓨처플랜 http://www.futreplan.co.kr/
* 한국교육과정평가원 http://www.kice.re.kr/index.do
* EBSi교육방송 http://www.ebsi.co

정시전형은 수학능력시험(수능)의 영향력이 절대적이다. 재학생의 경우 수시의 전형요소보다 모의고사 성적이 높게 나오거나, 재수를 각오하고 수시전형으로는 목표 대학에 도달할 수 없는 경우에만 한정해야 한다.

4. 집중

올바른 탐색과 현명한 선택을 했다면 집중해야 한다. '법은 도덕의 최소한이다'라는 명제처럼 집중은 합격의 최소한이다. 기간의 장단을 떠나서 집중의 시간을 갖지 않고 목표 대학에 합격한 사례는 보지 못했다. 집중단계에서 대입에 실패하지 않으려면 스마트폰, 인터넷, 게임, 텔레비전, 이성 친구 등 불필요한 방해 요소는 가급적 배제해야 한다. 목표 대학에 진학하겠다고 확정했다면 잠시의 희생을 각오해야 한다. 모든 역량을 입학하고자 하는 대학의 진학 정보 수집과 분석 입시전형의 실행에 집중해야 한다.

장래 진로, 목표 대학, 전공과 학과, 입시전형이 확정되었다면 좌고우면(左顧右眄)하지 말고 앞만 보고 가야 한다. 고등학교 입학식에서부터 수능일까지 대체적으로 수험생에게는 1학년 1학기부터 3학년 1학기까지 다섯 학기, 날짜로는 31개월 정도의 기간이 주어진다. 그러나 매 학기마다 중간고사, 학기말고사, 수행평가, 독서활동, 봉사활동, 체험활동, 진로활동, 교내·외활동 등을 수행해야 하기 때문에 절대 여유로운 기간이라 할 수 없다.

집중단계에서 슬럼프가 온다면 서울대 재료공학부 황농문 교수의 저서『몰입』(*think hard*)과 20세기 최고의 에세이라 불린 헬렌켈러의『3일만 볼 수 있다면』

을 읽어 보길 추천한다. 또한 공부법전문연구소 스터디코드 조남호 대표의 동영상
을 보면 많은 도움이 되리라 확신한다.

Ⅲ. 검토와 조정(REVIEW & REGULATION) 단계

　　인간의 결정이 완벽할 수는 없다. 제1단계 탐색과 제2단계 선택과 집중의 과정을 무리 없이 소화했더라도 제3단계 검토와 조정이 필요한 시점이 있다. 검토와 조정이 필요 없다면 더할 나위 없이 좋겠지만 검토와 조정이 요구된다면 과감하게 결단하여야 한다. 검토와 조정 단계의 가장 중요한 요소는 정확한 정보를 바탕으로 한 올바른 결론이다. 대학, 전공, 전형, 교차지원 등의 변경이 좋은 예라 할 수 있다.

　　검토와 조정의 단계에서 변경이 필요하다면 중요한 사항을 점검하여야 한다.

- ◆ 최적의 입시 정보와 전문가의 도움을 받았는가?
- ◆ 깊은 성찰 없이 순간적 판단으로 결정하지 않았는가?
- ◆ 나의 적성과 흥미와 적합한가?
- ◆ 현재의 목표 대학과 전공보다 상위 대학과 전공에 입학이 가능한가?
- ◆ 대학 입학 후 학업은 무리 없이 가능한가?
- ◆ 미래 산업과 직업 전망은 어떠한가?

　　검토와 조정 단계는 심사숙고하여 결정하여야 하며, 가장 중요한 수험생 본인의 의사가 최우선으로 고려되어야 한다. 또한 학부모와 선생님 그리고 입시전문가의 의견을 충분히 참고하여 최적의 결과를 도출할 수 있도록 의사결정 과정을 투명하게 진행해야 한다. 검토와 조정 단계에 도달했다면 여유 시간이 많지 않음도 명심해야 한다.

　　『돈이란 무엇인가』(데이비드 크루거 · 존 데이비드 만 지음/ 한수영 옮김/ 시아 출판)에 보면 'Chapter 14_ 펭귄이 날지 못하는 이유'라는 글이 있다. 탐색, 선택과 집중, 검토와 조정, 결정 단계의 교훈적인 이야기이며, 특히 검토와 조정 단계에 적용하기에 대단히 유익하다.

한 무리의 펭귄이 모여서 그동안 자신들을 괴롭혀온 문제에 대해 논의했다. 자기들이 새라는 사실과 상식적으로 새는 날 수 있다는 사실을 알고 있었다. 그리고 다른 새가 나는 것도 본 적이 있었다. 하지만 자기들 중에는 나는 펭귄이 없었다. 솔직히 펭귄이 나는 것을 본 적이 있는지 기억도 나지 않았다. 그렇다면 무엇이 그들의 잠재력이 발휘되는 것을 방해하는 것일까? 이 질문의 답을 알고 있던 펭귄은 한 마리도 없었다. 그래서 동기부여 세미나에 참석해서 도움을 받기로 결정했다.

드디어 세미나 날이 되었고, 강의에 큰 기대를 건 펭귄들이 하나둘씩 모여 강당을 가득 메웠다. 몇 가지 광고가 있은 후, 강사 소개와 함께 본격적으로 세미나가 시작되었다.

"오늘 이 자리에 오신 펭귄 여러분, 저도 그 마음을 잘 이해합니다. 지금 여러분이 겪고 있는 좌절감이 어떤 건지 백분 이해합니다. 오늘 저는 여러분에게 이 말씀을 드리고 싶습니다. 여러분은 날 것입니다. 여러분의 발목을 잡고 있는 것은 다름 아닌 여러분 자신입니다. 그저 스스로 날 수 있다고 믿고, 해 보십시오!"

"자, 이렇게 저를 따라 해보십시오." 강사는 양팔을 움직이기 시작했다. 그리고 참석한 펭귄들에게도 양 날개를 파닥여 보라고 했고, 자신이 나는 모습을 머릿속에 그리라고 요청했다. 그 가운데에도 펭귄들에게 힘을 실어주는 격려의 말을 잊지 않았다. 하지만 펭귄들은 꼼짝도 않고 가만히 앉아 있었다. 마침내 펭귄 하나가 일어나서 날개를 움직이기 시작했다. 아주 열심히 빠르게 움직이자, 곧 발이 바닥에서 떨어졌고, 강당을 날아다니기 시작했다! 그러자 다른 펭귄들이 이 모습을 보고는 강한 충격을 받았다. 그러고는 너 나 할 것 없이 날개를 움직였고, 곧 강당에는 날아다니는 펭귄과 기쁨의 환호성이 가득했다. 정말로 놀라운 광경이었다.

강의가 끝났을 때, 펭귄들은 너무 고마워서 강사에게 5분간 기립박수를 보냈다.

모든 일정을 마치고 펭귄들은 집으로 걸어서 돌아갔다.

Ⅳ. 결정(DECISION) 단계

수시모집의 학생부교과, 학생부종합, 논술, 적성, 특기자 전형이 결정되었다면 수시 6회의 기회를 어떤 방식으로 지원할 것인가의 문제가 남는다. 재수, 삼수를 하더라도 반드시 목표 대학과 전공에 진학하겠다는 수험생의 경우는 별개로 하더라도, 재학생의 경우 수시 6회 지원의 전략적 접근이 필요하다. 수험생과 학부모 선생님의 의견이 일치한다면 문제가 발생하지 않겠지만 불일치한다면 어떤 방식으로 해결할 것인가?

필자의 의견으로는 다섯 가지 지원 형태가 있다고 본다.

첫째, 수평적 지원이다. 성적 최상위권 수험생에게서 주로 나타나는데, 재수를 하더라도 어느 수준 이하의 대학은 절대 입학하지 않겠다는 유형이다.

1회	2회	3회	4회	5회	6회

수평적 지원 형태

둘째, 수직적 지원이다. 중상위권 수험생에게서 주로 나타나는데 목표 대학과 전공을 정확하게 결정하고 소신 지원을 중심으로 수시 6회를 상향, 소신, 안정 지원을 2:2:2로 배분하여 지원하는 경우이다.

셋째, 삼각형 형태의 지원이다. 일반적인 지원 형태로 목표 대학과 전공의 하한선을 결정하고 3:2:1로 배분하여 지원하는 경우이다. 세 번의 지원을 하한선의 대학에 지원하고 두 번의 지원을 상향으로, 한 번의 지원을 최상향으로 지원하는 경우이다.

수직적 지원과 삼각형 형태의 지원은 아래 도표를 참고하기 바란다.

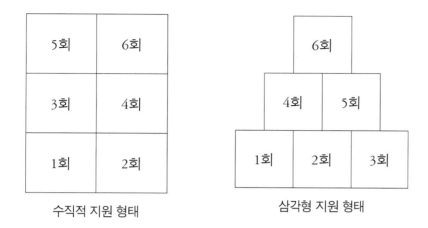

수직적 지원 형태   삼각형 지원 형태

넷째, 역삼각형 형태의 지원이다. 합격 안정권의 대학과 전공을 한 번 지원하고 두 번은 상향 지원, 세 번은 최상향 지원하는 형태로서 한 번의 지원 대학이 확실하게 합격한다는 가정하에 가능한 지원 형태이다.

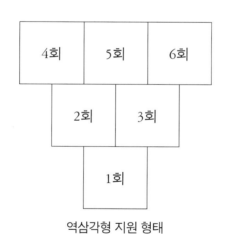

역삼각형 지원 형태

다섯째, 위에 언급하지 못한 여러 가지 유형들이 있다. 재수, 삼수를 불사하고 목표 대학 1, 2회만 지원하는 경우이다. 수시 횟수에 포함되지 않는 특수대학(경찰대학, 사관학교, 디지스트, 유니스트, 지스트, 카이스트, 한국전통문화대 등)에만 지원하는 형태이다. 실제 진학상담 수험생 중에서 삼수 도전 끝에 목표 대학에 진학한 사례가 있고 활기찬 대학생활을 영위하고 있다. 다만 금융학과의 경우 특별히 연관된 대학이 없다.

대학교육협의회 2015년 10월 4일 보도자료에 의하면 2016학년도 1인당 수시 평균 지원횟수는 4.32회로 2015학년도에 비해 0.06회 증가하였다. 따라서 위의 수시 6회 지원 형태는 입시에 참고자료로만 활용하기 바란다.

다음의 〈표 1〉 및 〈표 2〉에 수시전형 지원계획표를 게재하니 학기에 한 번은 수험생과 학부모가 직접 작성하여 검토하고, 최종 수시전형 결정에 적극 활용하기 바란다.

정시는 수능의 영향력이 절대적이다. 정시는 6월과 9월 교육과정평가원의 모의고사 성적을 토대로 하여 지난해의 목표 대학 입학성적, 배치표, 경쟁률을 토대로 하여 지원한다. 모집 시기(가/ 나/ 다군)를 유효적절하게 선택하되 합격하고자 하는 대학을 중심으로 상향 지원과 안정 지원을 선택, 정시 지원 전략을 수립하는 것이 바람직하다. 또한 대학별 수능, 학생부의 반영 영역과 반영 비율 그리고 수능의 특정 영역이나 과목의 지정 여부, 수능 성적 반영의 가중치와 가산점을 검토하여 최적의 전형을 확정해야 한다.

2017학년도는 수능 시험일이 11월 17일(목요일), 학생부 작성기준일이 12월 1일(목요일), 수능 성적 발표일이 12월 7일(수요일)이므로 수능 성적 통지 이후 최종 지원대학과 학과를 결정한다.

〈표 3〉 정시전형 지원계획표를 게재하니 학기에 한번은 수험생과 학부모가 직접 작성하여 검토하고, 최종 정시전형 결정에 적극 활용하기 바란다.

최종적으로 추가모집이 있다. 추가모집은 수시, 정시모집 전형 이후 충원하지 못한 인원이 있을 경우 대학교육협의회 대입상담센터와 해당 대학 홈페이지 입학 안내를 통해 공고한다. 2017학년도 추가모집 접수, 전형 기간은 2017. 2. 18(토요일)~2. 25(토요일 / 8일간)이고, 합격자 발표는 2. 26(일요일) 21:00 이전이며, 미등록 충원 등록 마감은 2. 27(월요일)까지이다.

<표 1> 수시전형 지원계획표 1

구분			예시 I	1지망	2지망	3지망
지원대학			금융대			
지원학과(전공)			금융학			
전형유형			학종			
정원(모집/수시)			40/28			
원서접수일			9.12-14			
서류제출마감일			10.15			
대학별고사일			10.29			
1단계합격자발표일			10.22			
최종합격자발표일			11.4			
수능최저학력기준			없음			
전형요소별 반영 비율(%)			학생부50 면접 50			
학생부실질반영 비율			50%			
학생부교과성적 반영 비율(%)			50%			
학생부 성적	교과전체평균등급		2.08			
	과목별평균등급		2.11			
	대학별반영 점수(만점)		94 (100)			
모의고 사성적	6월	등급	2.30			
		백분위	93			
	9월	등급	2.28			
		백분위	94			

<표 2> 수시 지원계획표 2

구분			예시 II	4지망	5지망	6지망
지원 대학			금융대			
지원학과(전공)			보험과			
전형 유형			논술			
정원(입학/모집)			30/3			
원서 접수일			9.19-21			
서류제출 마감일			없음			
대학별 고사일			11.26			
1단계 합격자 발표일			없음			
최종 합격자 발표일			12.16			
수능최저학력기준			2합6			
전형 요소별 반영 비율(%)			논술70 교과30			
학생부 실질 반영 비율			30%			
학생부 교과성적 반영 비율(%)			30%			
학생부 성적	교과 전체 평균 등급		1.94			
	과목별 평균 등급		1.83			
	대학별 반영 점수 (만점)		965 (1000)			
모의고사 성적	6월	등급	1.99			
		백분위	97			
	9월	등급				
		백분위				

<표 3> 정시전형 지원계획표

구분		예시	가군	나군	다군
지원대학		금융대			
지원학과(전공)		금융			
전형유형		수능 100%			
정원(입학/모집)		50/10			
원서접수일		2016. 12. 31-2017. 1. 4			
서류접수일					
합격자발표일		17.2.2			
전형요소별 반영 비율(%)		국어30/수학40/영어30			
학생부	실질 반영 비율(%)	없음			
	교과성적 반영 비율(%)	없음			
학생부성적	교과별 성적	없음			
	대학별 반영 점수(만점)	없음			
수능 성적	등급	2.15			
	과목별 백분위	95/96/97			
	과목별 등급	2/2/2			
지원대학 · 학과	백분위	92			
지원대학 전년도 성적	2016 학년도 등급	2.16			
	2016 학년도 백분위	92			
	2015 학년도 등급	2.18			
	2015 학년도 백분위	92			

금융

돈으로 집을 살 수 있어도 돈으로 가정을 살 수 없다.

돈으로 시계는 살 수 있어도 돈으로 시간은 살 수 없다.

돈으로 침대는 살 수 있어도 돈으로 잠은 살 수 없다.

돈으로 책은 살 수 있어도 돈으로 지식은 살 수 없다.

돈으로 의사는 살 수 있어도 돈으로 건강은 살 수 없다.

돈으로 직위는 살 수 있어도 돈으로 존경은 살 수 없다.

돈으로 피는 살 수 있어도 돈으로 생명은 살 수 없다.

돈으로 관계는 살 수 있어도 돈으로 사랑은 살 수 없다.

_ 네덜란드 속담 중에서

금융(financing)이란 돈의 흐름 즉 금전의 융통을 줄인 말이다. 자금을 필요로 하는 재(자금의 수요자)에게 자금을 빌려주는 재(자금의 공급자)가 자금을 화폐나 금융자산으로 빌려주는 것을 말한다. 금융자산의 대차가 금융이다. 금융은 국가 경제는 물론 세계 경제의 지속적인 안정, 성장, 발전을 위해서는 필요한 활동이다. 금융, 금융시장, 금융시스템, 금융매커니즘이 원활하게 움직이지 않고, 붕괴된다면 세계 경제는 커다란 혼란을 초래할 것이다.

I. 돈(MONEY)

돈(MONEY)은 금융의 핵심어(Key word)이다. 돈 없는 금융은 생각할 수 없고, 금융의 역사는 돈의 흐름과 일맥상통한다. 금융을 알기 위해서는 돈을 알아야 하므로, 돈에 관한 일반적인 내용을 간략하게 알아보기로 한다.

돈은 무엇일까? 각자 '돈은 (   )이다.' 생각해 보자.

돈은 꿈이다. / 돈은 악마다. / 돈은 자유다. / 돈은 권력이다. / 돈은 사랑이다. /
돈은 희망이다. / 돈은 행복이다.

돈을 싫어하는 사람을 본 적이 없다. 돈의 역할은 인체에 있어서 혈액의 기능과 유사하다. 돈이 들어가지 않은 일이란 세상에서 찾아보기 힘들다. 돈은 우리가 살고 있는 사회에서 매우 중요한 요소이며 현실이다. 돈이라는 단어는 '많은 사람의 손을 거쳐 돌고 돈다'라는 말에서 유래되었다. 돈에 대한 생각은 사람마다 다르다. 그러나 소유한 사람에 따라 생사화복(生死禍福), 희로애락(喜怒哀樂)이 다르게 나타난다. 대부분의 사람들은 돈을 많이 벌고 걱정 없이 소유하고 풍족하게 지출하고 싶어 한다. 돈은 수만 가지의 얼굴을 한꺼번에 가지고 있다. 동전에는 양면이 있다. 칼은 의사가 선의로 사용하는 의료용 메스가 되기도 하고, 강도가 악의를 가지고 사용하는 흉기가 되기도 한다. 이와 마찬가지로 돈은 세상의 어떤 재화보다 다양한 효용과 가치를 함축하고 있다. 돈은 생명을 살릴 수도 죽일 수도 있다.

돈의 속성에 대하여 탈무드에서는 "돈을 너무 가까이하지 말라. 돈에 눈이 멀어진다. 돈을 너무 멀리하지 말라. 처자식이 천대받는다"라고 쓰여 있다. 『10대들이 꼭 알아야 할 똑똑한 돈 이야기』(수잔 셸리 지음, 가나출판사 펴냄)는 이렇게 적고 있다. "사람에게 상처를 입히는 것이 세 가지가 있으니, 곧 말다툼과 고민 그리고 빈 지갑이다. 그중에 빈 지갑이 사람에게 가장 큰 상처를 입힌다."

1. 돈에 관한 여러 가지 말들

돈에 대하여 세계 각국의 속담과 명사들의 격언을 살펴보면 돈에 대하여 선인들이 어떻게 생각하는가 유추해 볼 수 있다. 동양과 서양과 나누어 살펴보자.

먼저 한국, 중국, 일본 등 동양 3국과 유교의 사고가 남아 있는 베트남의 속담을 알아본다.

"돈이라면 호랑이 눈썹이라도 빼 온다"(한국).
"돈은 귀신에게 맷돌을 갈게 한다"(한국).
"개같이 벌어서 정승같이 쓴다"(한국).
"사람 나고 돈 났지, 돈 나고 사람 났나"(한국).
"남자는 돈이 생기면 나쁘게 변하고 여자는 나쁘게 변하면 돈이 생긴다"(중국).
"지옥으로 굴려 떨어져도 돈만 있으면 살아 나온다"(일본).
"돈이 있으면 선녀도 살 수 있다"(베트남).
"돈이 법을 이긴다"(베트남).

서양에서도 돈에 관한 여러 가지 속담의 교훈을 들을 수 있다.

"여자는 돈 없는 남자보다 남자 없는 돈을 더 좋아한다"(그리스).
"돈이 말하면 진실이 침묵한다"(로마).
"돈으로 집을 살 수 있어도 돈으로 가정을 살 수 없다. 돈으로 시계는 살 수 있어도 돈으로 시간은 살 수 없다. 돈으로 침대는 살 수 있어도 돈으로 잠은 살 수 없다. 돈으로 책은 살 수 있어도 돈으로 지식은 살 수 없다. 돈으로 의사는 살 수 있어도 돈으로 건강은 살 수 없다. 돈으로 직위는 살 수 있어도 돈으로 존경은 살 수 없다. 돈으로 피는 살 수 있어도 돈으로 생명은 살 수 없다. 돈으로 관계는 살 수 있어도 돈으로 사랑은 살 수 없다"(네덜란드).
"돈을 받으면 자유를 잃는다"(독일).

"가벼운 주머니는 마음을 무겁게 한다"(영국).

세계의 위대한 사상가들은 돈에 관하여 어떻게 생각하고 있을까?

"돈은 최선의 하인이자 최악의 주인이다"(프랜시스 베이컨).
"돈이 행복하게 만들어 줄 수 있다고 생각하는 사람은, 보통 돈이 없는 사람들이다"
(데이비드 게펜).
"돈은 남자의 한 부분이다. 돈이 있으면 그 남자도 사랑하게 된다"(에바 페론).
"돈은 사랑보다도 인간을 더 바보로 만든다"(윌리엄 글래드스턴).
"인간은 금화를 먹고사는 돼지다. 금화를 던져주면 마음대로 주무를 수 있다"(나폴
레옹 보나파르트).
"'신을 위하여'가 '돈을 위하여'로 바뀌었다. 돈이 최고의 권력이 되었다"(프리드리
히 니체).
"돈이 인간을 지배하고 인간은 돈을 숭배한다"(칼 마르크스).
"돈에 대한 탐욕이 만 악의 근원이라 한다. 돈의 결핍도 마찬가지이다"(사무엘 버틀러).

2. 돈의 기능과 특성

돈이란 무엇인가? 금융을 알아보기 전에 돈의 기능과 특성에 대하여 간략하
게 알아보기로 한다.

돈(화폐)의 기원에 관해서는 물물교환의 불편과 곤란 때문에 자연적으로 발생
하였다는 자연발생설과 물물교환의 불편과 곤란을 극복하기 위하여 화폐를 제작
하였다는 합의설이 있다.

돈의 기능에는 본원적 기능과 파생적 기능이 있다. 본원적 기능이란 돈 본래
의 발생 목적의 기능으로서 교환 수단으로의 기능(general means of exchange)과
가치 척도의 기능(unit of accounts)이 있다. 파생적 기능이란 돈의 본원적 기능에
서 나오는 부수적인 기능인데 가치 저장의 수단(means of store of value), 자본으

로서의 기능(means of capital), 지불 수단의 기능(means of payment)이 있다.

돈이 역할을 효과적으로 발휘하기 위해서는 돈이 갖추어야 할 기본적인 특성이 있다. 첫째, 가분성(divisibility)이다. 돈이 종류와 규모가 다른 거래의 결제수단으로 이용될 수 있기 위해서는 단위가 나누어질 수 있는 것이어야 한다. 둘째, 내구성(durability)이다. 돈은 반복적으로 사용할 수 있어야 한다. 내구성이 떨어질 경우 제조, 관리하는데 과도한 비용이 발생한다. 셋째, 동질성(homogenity)이다. 한 사회에서 통용되는 교환의 수단은 종류와 수단에 관계없이 동질성을 지녀야 돈으로서의 역할을 수행할 수 있다. 넷째, 편리성(portability)이다. 모든 거래는 지역과 시간에 관계없이 이루어지기 때문에 돈은 휴대가 편리해야 한다.

다음 포털 한국어사전에는 돈을 ① 상품 교환의 매개물로서, 가치의 척도, 지불의 방편, 축적의 목적물로 삼기 위하여 금속이나 종이로 만들어 사회에 유통시키는 물건, ② 경제적인 가치가 있는 유무형의 것들을 통틀어 이르는 말, ③ 물건을 살 때 내는 금액, ④ 무엇을 하는데 드는 비용이라고 설명하고 있다. 그중에서도 돈의 가장 중요한 효용은 재화의 교환과 상품의 가격 결정에 있다. 화폐의 발생과 발전은 상품교환의 발생 및 발달과 더불어 그 운명을 같이하였다고 볼 수 있다. 즉 교환의 매개물로서 화폐는 발생, 발전하였다. 원시 자급자족의 생활로부터 물물교환시대를 거쳐 화폐경제시대로 다시 현대적 신용경제시대로 발전하였으며, 전자화폐의 등장, 핀테크(Fintech)의 발전, 인터넷전문은행의 설립, 모바일페이의 유통, 로보어드바이저(Robo-advisor)의 활용으로 미래 돈의 성격이 어떤 방향으로 변화할지 예측하기 어려운 것이 현실이다.

II. 금융이란 무엇인가?

한번은 입시설명회 직후 고등학교 1학년 학생들과 자유토론을 할 기회가 있어 무엇이 인생 최고의 소원이냐고 질문을 하였다. 대부분 학생의 대답은 돈을 많이 벌고 싶다고 했다. 그럼 돈을 벌 수 있는 방법이 무엇이냐고 재차 질문을 했다. 일부 학생들의 대답은 "직장을 구한다", "아르바이트를 한다", "창업을 한다"는 등의 대답이 있었으나 대부분 학생의 반응은 더 이상의 구체적 방안이 없었다. 우리가 주목해야 할 부분은 돈은 많이 벌고 소유하고 지출하고 싶은데 아무런 대안이 없다는 사실이다. 금융에 대한 이해는 이러한 질문에 대한 가장 바람직한 방법이라 확신한다. 금융은 현대 생활의 필요조건이며 경제활동에 있어서 공기와 물과 같은 존재이다. 금융을 모르고서는 현대의 자본주의 생활을 유용하게 영위할 수 없으며 금융 문맹보다 금융 지식인이 경제적으로 윤택한 생활을 지속할 수 있다.

금융(financing)이란 돈의 흐름 즉 금전의 융통을 줄인 말이다. 자금을 필요로 하는 자(자금의 수요자)에게 자금을 빌려주는 자(자금의 공급자)가 자금을 화폐나 금융자산으로 빌려주는 것을 말한다. 금융자산의 대차가 금융이다. 금융은 국가경제는 물론 세계경제의 지속적인 안정, 성장, 발전을 위해서는 필요한 활동이다. 금융, 금융시장, 금융시스템, 금융메커니즘이 원활하게 움직이지 않고, 붕괴된다면 세계경제는 커다란 혼란을 초래할 것이다.

금융의 정의에 관하여는 『금융으로 본 세계사』(천위루 양천 지음, 하진이 옮김, 시그마북스 펴냄)의 프롤로그에 알기 쉽게 쓰여 있다. 금융 역사에 관심 있는 학생들에게 일독을 권한다. "무엇이 금융인가? 금융은 본래 보통생활의 일상생활이자 일희일비이다. 인성은 금융으로 더욱 풍성해지고 금융은 인성으로 한층 고상해진다. 사람이 있는 곳에 금융이 있고, 금융은 우리 한 사람 한 사람 그 자체다."

그리스 신화를 보면 제우스의 집 앞에는 커다란 통이 두 개 있었는데 각각 행복과 재난이 들어 있었다. 제우스는 두 개의 통을 한데 섞어 인간 세상에 보냈다고 한다. 신에게서 삶을 부여받은 우리네 인생은 행복과 불행이 서로 얽혀 있으며, 이

때문에 우리에게는 다채롭고 변화무쌍한 금융 세계가 생긴 것이다.

금융에 관한 이해의 폭을 넓히기 위하여 금융 관련 추천 영상과 금융, 경제교육 인터넷 사이트를 소개한다. 금융을 이해하는데 참고하기 바란다.

1) 금융 관련 추천 동영상/ 금융, 경제교육 인터넷 사이트 및 금융 관련 추천 영상

○ 교육방송(EBS) 다큐프라임 자본주의
1부 돈은 빚이다 / 2부 소비는 감정이다 / 3부 금융지능은 있는가 / 4부 세상을 바꾼 위대한 생각들 / 5부 국가는 무엇을 해야 하는가

○ 영화 월스트리트 머니 네버 슬립스(2010)

○ 한국고용정보원 진로교육센터 직업동영상 직업군별 금융 보험 관련직
① 채권관리사무원 ② 보험계리사 ③ 금융사무원 ④ 외환딜러 ⑤ 탄소배출권거래 중개인 ⑥ 증권중개인 ⑦ 펀드애널리스트 ⑧ 금융상품개발자 ⑨ 손해사정사 ⑩ 보험설계사

○ 한국방송(KBS) [KBS 특선 다큐멘터리 월스트리트]
제1부 잠들지 않는 자본 / 제2부 벽은 어디에 / 제3부 두 갈래 길 / 제4부 도금시대 / 제5부 실리콘밸리 방정식 / 제6부 성공 투자의 길 / 제7부 공정거래 / 제8부 금융혁신 / 제9부 위기를 극복하라 / 제10부 자본의 흐름

○ 서울진로진학정보센터 한양대 경영대학 파이낸스경영학과 홍보 영상

2) 금융, 경제교육 인터넷 사이트

○ 국민은행 키드뱅크 www.kbstar.com

○ 국세청 청소년 세금교실 www.nts.go.kr

○ 금융감독원 금융교육누리집 www.edu.fss.or.kr

○ 금융교육종합포털 금융e랑 www.금융e랑.kr

○ 기획재정부 어린이. 청소년 경제교실 www.kids.most.go.kr

○ 김용현교사의 사회, 경제, 논술교실 www.goodteacherkim.co.

○ 대한상공회의소 Hi경제 www.hi.korcham.net

○ 생명보험교육문화센터 www.lifeinsedu.or.kr

○ 아이빛연구소 www.ivitt.com

○ 중앙일보 틴틴경제 www.teenteen.joins.com

○ 청소년금융교육협의회 www.fq.or.kr

○ 한국개발연구원 경제공부방 www.eiec.kdi.re.kr

○ 한국경제교육협회 www.beacon.or.kr

○ 한국경제교육협회 경제교육종합포털 www.econedu.or.kr

○ 한국금융투자자보호재단 www.invedu.or.kr

○ 한국은행 경제교육 www.bokeducation.or.kr

○ 한국투자자교육협의회 www.kcie.or.kr

III. 금융시장

금융시장(financial market)이란 금융 거래가 이루어지는 시장이다. 자금 공급자와 자금 수요자 사이에 금융 거래가 조직적으로 이루어지는 장소를 말하며 여기서 장소는 재화시장처럼 구체적 공간뿐 아니라 자금의 수요와 공급이 이루어지는 추상적 공간을 포함한다.

금융시장의 기능으로는 자금을 중개하는 기능, 국민경제의 생산성 향상과 후생을 증대시키는 기능, 위험 분산의 기능, 금융자산의 가격 결정 기능, 금융자산을 보유한 투자자에게 높은 유동성을 제공하는 기능(금융자산의 환금성), 금융 거래에 필요한 정보를 수집하는 데 드는 비용과 시간을 줄여 주는 기능 마지막으로 시장 규율(market discipline) 기능이 있다.

〈표 4〉 금융시장과 자금 흐름

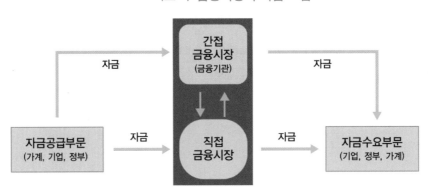

(출처: 『한국의 금융시장』, 한국은행)

금융시장을 구성하는 주요한 요소는 ① 자금의 수요·공급자 ② 금융 수단(금융증권) ③ 금융중개기관이다. 금융시장과 자금 흐름, 한국의 금융시장의 구조에 대하여 〈표 4〉와 〈표 5〉를 참고하기 바란다.

금융시장은 돈의 공급자와 수요자와 간에 금융 거래가 이루어지는 유무형의 장소를 말한다. 우리나라의 금융시장은 전통적 금융시장과 외환시장, 파생상품시장으로 크게 나눌 수 있으며, 전통적 금융시장은 자금시장과 자본시장으로 구분하기도 하며, 이 외에도 금융 거래의 방식, 돈의 성격 등에 따른 여러 가지 기준에 의하여 분류된다.

〈표 5〉 금융시장의 구조

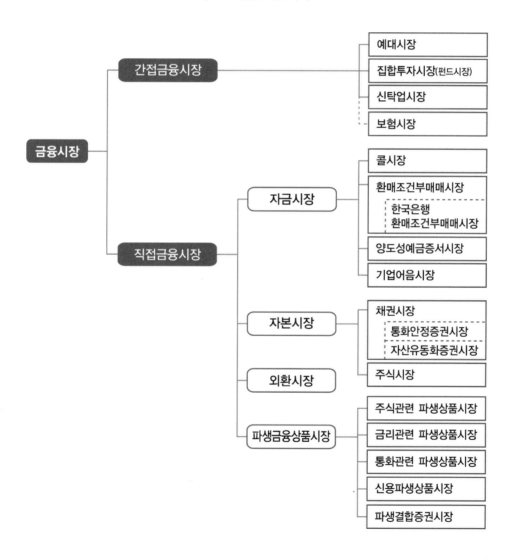

분류 목적에 따라 직접금융시장과 간접금융시장, 신용시장과 증권시장, 자본시장과 통화시장, 원화시장과 외환시장, 국내금융시장과 국제금융시장 등의 분류가 가능하다. 특히 기술혁신과 첨단기술의 발전을 통한 금융과 정보통신의 융합으로 이루어지는 미래 금융시장을 혁신적으로 변화시킬 것이며, 이와 같은 금융 혁신에 선도적으로 적응하지 못하는 금융기관은 금융시장에서 멀지 않은 장래에 사라질 것이다.

IV. 금융기관

금융기관은 금융시장에서 저축자와 차입자 사이에서 저축과 투자를 연결해 주는 기능을 수행한다. 일반적으로 예금취급기관, 기타금융기관으로 구분한다. 예금취급기관은 중앙은행(한국은행, 외국환평형기금)과 기타 예금취급기관으로 기타 금융기관은 보험 및 연기금, 기타 금융중개기관, 금융보조기관으로 구성된다.

금융기관 중에서 3개의 중요 기관인 은행, 금융투자기관, 보험회사를 구체적으로 살펴본다. 은행은 기타 예금취급기관으로 예금은행(시중은행, 지방은행, 외국은행 국내지점, 한국산업은행, 중소기업은행, 농협은행, 수산업협동조합중앙회), 한국수출입은행, 저축은행, 신용협동기구(신용협동조합, 새마을금고, 상호금융), 우체국예금 등이 있다.

기타 금융기관에 속하는 기타 금융중개기관 중 금융투자기관은 투자매매회사, 투자중개회사, 집합투자회사, 투자자문회사, 투자일임회사, 신탁회사로 구성된다.

기타 금융기관에 속하는 보험 및 연기금은 보험회사, 연기금, 공제조합으로 구성되며, 보험회사는 생명보험회사와 손해보험회사로, 연기금은 연금기금과 사업성기금으로 공제조합은 '특별법에 의한 공제조합'과 '민법에 의한 공제조합'으로 구분된다.

현행 금융 제도는 은행, 금융투자회사와 보험회사를 3대 근간으로 하여 각각 고유 업무를 갖고 주변 업무에 대해서는 업무에 따라 부분적인 겸영 방식을 유지하고 있다.

금융보조기관은 금융의 원활한 작동에 필요한 여건을 제공하는 것을 주된 업무로 하는 기관들이다. 금융지주회사(은행, 지방은행지주회사, 보험지주회사, 금융투자지주회사), 금융투자업관계회사(한국거래소, 한국예탁결제원, 한국증권금융회사, 명의대행회사), 정부출자기관(무역보험공사, 자산관리공사, 한국투자공사, 정책금융공사, 서울보증보험), 신용보증기관, 신용정보기관, 금융결제원, 금융정보분석원, 자금중개회사, 각종 금융협회가 있다.

우리나라 금융기관 현황

구분			
예금 취급 기관		중앙은행	한국은행
			외국환평형기금
	기타예금 취급기관	예금은행	시중은행
			지방은행
			외국은행 국내지점
			한국산업은행
			중소기업은행
			농협은행
			수산업협동조합중앙회
		한국수출입은행	
		상호저축은행	
		신용협동 기구	신용협동조합
			새마을금고
			상호금융
		우체국예금	
기타 금융 기관	보험 및 연기금	보험회사	생명보험회사
			손해보험회사
		연기금	연금기금
			사업성기금
		공제조합	특별법에 의한 공제조합
			민법에 의한 공제조합
	기타금융 중개기관	여신전문 금융회사	리스회사
			신용카드회사
			할부금융회사
			신기술사업금융회사

구분			
기타 금융 기관	기타금융 중개기관	금융 투자 회사	투자매매회사
			투자중개회사
			집합투자회사
			투자자문회사
			투자일임회사
			신탁회사
		공적기금	국민투자기금
			국민주택기금
	금융 보조기관	금융 지주 회사	은행지주회사
			지방은행지주회사
			보험지주회사
			금융투자지주회사
		금융 투자업 관계 회사	한국거래소
			한국예탁결제원
			한국증권금융회사
			명의대행회사
		정부 출자기관	무역보험공사
			주택금융공사
			자산관리공사
			한국투자공사
			정책금융공사
			서울보증보험
		신용 보증기관	신용보증기금
			지역신용보증재단
		신용 정보기관	신용정보집중기관
			신용정보업자
		금융결제원	
		금융정보분석원	
		자금중개회사	
		각종 금융협회	

V. 금융감독기구

금융감독이란 금융 행위로부터 발생하는 각종 리스크가 금융시장의 불안과 금융 산업의 건전성의 저해를 초래하여 전체 금융시스템의 안정성의 훼손으로 연결되는 것을 방지하기 위해 취하는 규제행위이다.

효율적인 금융감독을 위해서는 감독 주체인 감독기관의 독립성과 감독 업무의 중립성이 보장되어야 하며, 정부 조직으로 운영하는 국가들의 경우에도 금융감독기구에 운영의 자율성을 보장하여 금융감독기구의 독립성과 감독 업무의 중립성을 보장하고 있다.

우리나라의 금융감독기관으로는 기획재정부, 금융위원회, 금융감독원, 한국은행, 예금보험공사, 자율규제기구가 있다.

1. 기획재정부(Ministry of Strategy and Finance)

기획재정부는 중앙행정부처로 거시경제의 안정적 운용과 정책의 합리적 조정, 국가재원의 효율적 배분, 공공기관의 혁신, 합리적 조세정책, 재정 건전성 확보, 대외협력 강화하며 외국환 및 국제금융에 관한 정책의 총괄하는 업무를 담당하고 있다. 주요 업무는 다음과 같다.

◆ 기획 · 예산기능
◆ 재정정책기능
◆ 국제금융 기능(환율)
◆ 여타 기능

2 금융위원회(Financial Services Commission)

금융위원회는(金融委員會, Financial Services Commission, FSC)는 금융정책,

외국환업무 취급기관의 건전성 감독 및 금융감독에 관한 업무를 수행하는 대한민국의 중앙행정기관이다. 소관 업무는 다음과 같다.

◆ 금융에 관한 정책 및 제도에 관한 사항

◆ 금융기관 감독 및 검사·제재(制裁)에 관한 사항

◆ 금융기관의 설립, 합병, 전환, 영업의 양수·양도 및 경영 등의 인가·허가에 관한 사항

◆ 자본시장의 관리·감독 및 감시 등에 관한 사항

◆ 금융 중심지의 조성 및 발전에 관한 사항

◆ 위 사항에 관련된 법령 및 규정의 제정·개정 및 폐지에 관한 사항

◆ 금융 및 외국환업무 취급기관의 건전성 감독에 관한 양자 간 협상, 다자 간 협상 및 국제협력에 관한 사항

◆ 외국환업무 취급기관의 건전성 감독에 관한 사항

◆ 그 밖에 다른 법령에서 금융위원회의 소관으로 규정한 사항 등

3. 금융감독원(Financial Supervisory Service)

금융기관에 대한 검사·감독업무 등의 수행을 통하여 건전한 신용 질서와 공정한 금융거래 관행을 확립하고 예금자 및 투자자 등 금융 수요자를 보호함으로써 국민경제의 발전에 기여함이 설립 목적이다. 금융감독원은 금융위원회와 증권, 선물위원회의 지도·감독을 받아 금융기관의 검사·감독업무를 수행하기 위해 설립된 무자본 특수법인이다. 소관 업무는 다음과 같다.

◆ 금융위원회 결정 사항 집행

◆ 금융기관 검사 및 제재

4. 한국은행(Bank of Korea)

우리나라 중앙은행인 한국은행은 금융안정을 위한 통화정책을 통해 거시 감독 기능을 수행한다. 또한 효율적인 통화신용정책의 수립과 집행을 통해 물가안정을 도모함으로써 국가 경제의 건전한 발전에 기여한다. 한국은행은 산하에 통화정책을 수행하는 금융통화위원회(Monetary Board)를 두고 있다. 주요 업무는 다음과 같다.

◆ 통화신용정책 등을 위한 자료제출 요구 및 검사 · 공동검사 요구
◆ 화폐 발행과 통화 정책의 수립 및 집행

5. 예금보험공사(Korea Deposit Insurance Corporation)

예금보험공사는 금융기관이 파산 등으로 예금을 지급할 수 없는 경우 예금의 지급을 보장함으로써 예금자를 보호하고 금융제도의 안정성을 유지하는데 이바지하고자 '예금자보호법'에 의거하여 설립되었다

예금보험공사의 주요 기능인 예금보험제도는 금융기관으로부터 보험료를 납부 받아 예금보험기금을 조성해두었다가 금융기관이 파산 등의 사유로 고객들의 예금을 돌려줄 수 없게 되면 예금을 대신 지급하는 제도이다. 주요 업무는 다음과 같다.

◆ 예금보험기금 조달
◆ 금융기관 경영 분석 등을 통한 부실의 조기 확인 및 대응
◆ 부실금융기관의 정리
◆ 보험금지급, 지원 자금의 회수
◆ 부실관련자에 대한 조사 및 책임추궁 등이 있다.

6. 자율규제기구

금융기관에 대한 자율규제 기구로는 금융기관별 동업자 단체인 협회와 중앙회가 있다. 금융투자업의 경우 한국거래소와 금융투자협회, 은행의 경우 전국은행연합회, 보험의 경우 생명보험협회, 손해보험협회, 여신금융의 경우 여신금융협회 등이 활동하고 있다. 업종별로는 농·수산업협동조합중앙회, 전국신용협동조합중앙회, 저축은행중앙회 등이 있다.

7. 국제감독기구

주요 국제 금융 감독기구는 다음과 같다.

01. 금융안정위원회 FSB(Financial Stability Board)
02. 국제통화기금 IMF(International Monetary Fund)
03. 바젤은행감독위원회 BCBS(Basel Committee on Banking Supervision)
04. 국제결제은행 BIS(Bank for International Settlements)
05. 국제증권감독기구 IOSCO(International Organization of Securities Commissions) / IAIS(International Association of Insurance Supervisors)
06. 국제보험감독자협의회 IOPS(International Organization of Pension Supervisors)

PART 3

금융학과

제아무리 가난하고
작은 국가라도 천재는 있기 마련이다.
창조를 이끄는 것은 금융이며,
창의성을 결정짓는 것은 교육이다
_『금융으로 본 세계사』 중에서

이 파트에서는 금융학과에 대해서 자세히 살펴보기로 한다.

첫째, 우리나라 전국 대학의 금융학과 개설 대학 리스트를 대학별, 지역별, 전공별, 계열별로 알아본다.

둘째, 금융학과에서 요구하는 바람직한 인재상을 따뜻한 인성, 외국어(영어) 능력, 수리적 감각, 경제의 이해, ICT 활용으로 나누어 살펴보기로 한다.

셋째, 금융학과에서 배우는 학과목을 교양과 전공으로 나누어 살펴보기로 한다. 전국 대학 금융학과 중에서 대학특성화사업(CK)에 선정된 가천대 금융수학과, 순천향대 IC금융경영학과, 한양대 파이낸스경영학과에 대하여 알아본다. 또한 교육과학기술부가 주관한 세계수준의 연구중심대학(World Class University, WCU) 육성사업의 금융공학분야에서 단독으로 선정된 아주대학교 금융공학과의 주요 교과목의 소개를 살펴본다.

넷째, 금융학과에서 취득하는 자격증을 국내자격증과 국제자격증으로 나누어 알아보고 개업을 할 수 있는 자격증을 별도로 살펴보기로 한다.

다섯째, 금융학과 졸업 후 진로에 대하여 금융기관, 공무원, 해외진출, 진학과 개업으로 나누어 알아본다.

I. 금융학과 개설 대학 리스트

1. 전공, 계열별 분류

우리나라 대학의 금융학과(부)는 문과 속의 이과 또는 이과 속의 문과라고 한다. 금융학과 모집 전형을 살펴보면 문과(인문계)를 선발하는 대학과 이과(자연계)를 선발하는 대학 그리고 문, 이과를 분리 선발하는 대학(아주대 금융공학과, 인하대 글로벌금융학과, 한양대 파이낸스경영학과 등)이 있다. 금융의 각 분야를 전체적으로 전공하는 금융학과(부), 경제와 금융을 포괄적으로 전공하는 경제금융학과와 금융경제학과와 국제금융을 중점적으로 전공하는 국제금융학과, 글로벌금융학과가 있으며, 금융 산업의 특정 분야를 중점 전공하는 보험계리학과, 금융증권학과, 자산관리학과와 수리 ICT를 중심으로 전공하는 금융수학과, 금융정보공학과, 금융정보통계학과 그리고 특성화 고등학교 예정자(졸업자 포함)를 선발하는 특성화고 전형(동일계) 등이 있다. 따라서 대학마다 금융학과의 전공 특성과 성격이 차이가 있으므로 학과 선택에 세심한 검토와 점검이 필요하다. 금융학과 전공, 계열별 분류는 다음과 같다.

1) 금융학 전공

(1) 학과 소개

금융학과(부)의 이해를 돕기 위해서 우리나라 최초로 금융학과를 개설한 숭실대 경영대학 금융학부의 학과 소개를 인용하기로 한다.

"금융학부는 2010년 숭실대학교가 기독교적 인성교육을 토대로 금융전문 인력 양성을 위해 특성화 전략의 일환으로 야심차게 출범시킨 독립학부입니다. 금융학부는 금융 관련 이론 및 실무 적용능력 교육을 통해 '졸업생들을 국내 및 글로벌 금융시장 리더로 진출시키는 것'을 미션으로 하고 2020년까지 '교육 및 취업에서 아시아

톱클래스 금융학부로 발전'하는 것을 비전으로 삼고 있으며, 교육과정의 특성은 다음과 같습니다.

○ 이론 및 실무 간 균형 잡힌 교과과정 및 국내 최고 수준의 교수진
○ 특성화 장학생으로 선발된 학생에게 4년간 학비전액 장학금 지급 및 매월 생활비와 기숙사 무상 제공 등을 포함 파격적 지원
○ 해외 어학연수, 금융기관 현장실습 및 자원봉사 프로그램 시행"

(2) 개설 대학
건양대, 경성대, 극동대, 동아대, 동의대, 숭실대, 전주대, 한림대 등

2) 경제금융, 금융경제 전공

(1) 학과 소개
경제금융학과의 이해를 돕기 위해서 우리나라 경제금융학과 중에서 대표적인 한양대 경제금융대학의 경제금융학부의 학과 소개를 인용하기로 한다.

"경제금융학부는 경제의 기본원리를 이해하고, 경제원리에 따라 경제 현상을 분석, 분석 및 예측하여 정부정책이나 기업 전략에 응용하며, 경제정책을 수립하고 평가할 수 있는 능력을 갖춘 경제인 그리고 주가, 이자율, 환율을 결정하는 금융시장의 메커니즘과 위험 등을 이해하고 이에 합목적적, 효율적으로 대응할 능력과 감각을 갖춘 금융인을 양성함을 목적으로 한다. 경제금융학부 출신 학생들은 기업과 정부기관, 금융기관, 교육기관 및 국제기구 등에 진출하여 경제원리를 업무수행에 응용하게 된다. 경제금융학부는 경제이론뿐만 아니라 국제화된 지식과 이해를 바탕으로 문화 및 학문적 다원성을 수용할 수 있는 과목을 적극 개발하여 세계경제의 환경변화에 적응하고, 능동적으로 선도할 수 있는 인재를 양성한다.
특히 경제금융학부에서는 전문성 제고와 차별화된 취업기회 부여를 위하여 산업·기술경제, 공공경제·정책, 국제통상을 세부심화분야로 지정하고, 금융부문을 특성

화 분야로 지정하여 운영하고 있다."

(2) 개설 대학

경남대, 경성대, 관동대, 계명대, 동국대(경주), 동아대, 동의대, 상명대(서울), 서경대, 성균관대, 수원대, 순천향대, 숭실대, 영남대, 인제대, 전주대, 한양대(서울) 등.

3) 글로벌금융, 국제금융 전공

(1) 전공 소개

글로벌금융학과 또는 국제금융학과는 금융의 여러 파트 중에서도 국제금융을 주요 전공으로 학습하는 학과로 금융의 기본 원리를 이해하고 경제 및 국제경영원리에 따라 경제원리를 분석, 예측함으로써 경영전략 및 경제정책을 견인해 나갈 인재를 배출하는데 있다. 글로벌금융학의 대표적인 전공인 인하대 경영대학 글로벌금융학부의 학과 소개를 인용한다.

"글로벌금융학부는 인하대학교의 대표적인 특성화 학부입니다. 인하대학교는 국내외 금융전문 인력 수요증대와 송도를 비롯한 인천경제자유구역(IFEZ)을 동북아 경제중심지로 개발하려는 정부정책에 부응하여 재무금융 분야에서 최고의 인재 양성을 목표로 2009년 국내 최초로 글로벌금융학부를 설립하였습니다.

글로벌금융학부는 국내외 금융기관과 기업체 재무담당자의 니즈를 반영하는 실사구시(實事求是)형 교육을 통하여 명실상부한 재무금융전문가를 양성하고자 합니다. 이를 바탕으로 졸업생들은 아시아-태평양 지역에서 글로벌 경쟁력을 갖춘 최고의 인재로 자라나게 될 것입니다."

(2) 개설 대학

공주대, 나사렛대, 동서대, 인하대, 중앙대, 한국외대(글로벌).

4) 금융보험 전공

(1) 전공 소개

보험 관련 학과는 금융 산업의 3대 영역인 은행, 보험, 증권 중 하나인 보험 분야를 중점적으로 전공하는 학과로 대부분의 선진국이 이용하는 금융 제도이기 때문에 성장 가능성이 크고 유망한 분야이다. 보험 분야에서 특화된 국민대학교 경영대학 파이낸스보험경영학과의 학과 개요를 인용한다.

"2014학년도부터 국민대학교 경영대학에 새롭게 개설되는 파이낸스보험경영학과 에서는 빠르게 발전하는 금융시장의 환경 변화에 능동적으로 대처할 수 있는 역량 을 키우고, 현대 산업의 꽃이라고 할 수 있는 금융 산업의 전문 지식과 실무를 겸비 한 글로벌 금융전문가를 양성한다. 금융전무가로서의 특화를 위해 경영학 과목 중 재무, 금융, 보험 관련 교과목에 초점을 맞추어서 심도 있게 수업을 수강하게 되며, 이의 효과적인 이해를 위해 경제학, 수학 등의 기초교과목들 역시 배우게 된다. 졸 업 후에는 은행, 증권회사, 보험회사, 금융공기업 등의 금융권에서 종사할 수 있도 록 학생들을 관리한다."

(2) 개설 대학

경남대, 국민대, 대구대, 목원대, 목포대, 부산대, 상명대(천안), 서원대, 순천 향대, 숭실대, 전주대, 창원대, 한라대, 한양대(에리카), 협성대, 홍익대(세종) 등.

5) 자산, 부동산금융 전공

(1) 전공 소개

자산, 부동산 관련 학과 중에서 중국 금융 부동산에 특화된 나사렛대학 국제 금융부동산학과의 학과 소개를 인용한다.

"나사렛대학교 국제금융부동산학과는 2005년에 충청권 최초로 4년제 대학 내 부동산학과로 개설되어 부동산 분야의 전문인력을 배출하였으며, 변화하는 시장 환경에 부응하기 위해서 2015년부터 국제금융 부동산학과로 재탄생하였다. 부동산학은 부동산의 효율적 이용과 수익성 재고를 목표로 한 부동산의 경영·관리·개발·제도 등을 사회과학적 측면에서 폭넓게 연구하는 학문이다. 부동산학의 적용 분야는 시장환경에 따라 변화하여 최근에는 부동산 분야에서도 빠르게 성장하는 중국시장과 고령화 시대에 대비한 금융자산관리와의 학문적 융합에 대한 관심이 높아지고 있다. 나사렛대학교 국제금융부동산학과는 이러한 사회적 요구에 적합한 인재를 양성하기 위하여 부동산 개발을 기반으로 한 중국시장과 자산관리 전문가 양성을 목적으로 한다."

(2) 개설 대학

광주대 부동산금융학과, 극동대 금융자산관리학과, 나사렛대 국제금융부동산학과, 대구가톨릭대 경제금융부동산학과, 동의대 경제·금융보험·재무부동산학부, 목원대 금융보험부동산학과, 영산대(양산) 부동산금융자산관리학과, 우송대 금융·세무경영학과, 웅지세무대(3년제) 부동산금융평가과 등.

6) 자연(이과)계열 금융 전공

(1) 전공 소개

금융학과는 인문(문과)계열은 물론 자연(이과)계열의 대학에서도 학과 개설이 이루어지고 있다. 특히 수리, 수학, 통계 분야의 활용도가 매우 높기 때문에 자연계열의 수험생들에게도 문호가 열려 있다. 자연계열 금융학과 중에서 대표적인 아주대학교 경영대학 금융공학과의 학과 소개를 인용한다.

"금융공학은 금융자산 및 금융파생상품을 설계하고 가치를 평가하며, 금융기관의 위험을 관리하는 등 제반 금융 문제에 수학기법을 적용하여 해결하는 첨단 융·복합

학문입니다. 아주대학교는 교육과학기술부가 주관한 세계수준의 연구중심대학(World Class University, WCU) 육성사업의 금융공학 분야에서 단독으로 선정되어 동 분야에서 아주대학교가 우리나라 최고의 교육·연구기관임을 널리 알리게 되었습니다. 특히 금융공학과는 WCU사업에 선정된 세계적인 연구 능력과 교육 능력을 갖춘 교수진으로 구성된 국내 유일의 World Class 과정입니다. 아주대학교 금융공학과는 국내 및 글로벌 금융시장에서 금융 리더가 갖춰야 할 금융공학 실력과 경제·경영의 소양을 닦는데 필요한 교육과정을 운영하고 있습니다. 또한 국내 최초로 최첨단의 트레이딩 룸을 개설하여 실제 금융시장 상황에서처럼 금융공학이론을 실습할 수 있는 설비도 갖추고 있습니다.

금융공학은 경제학, 경영학, 수학, computing science의 융합학문입니다. 경제적 사고방식, 경제학 원론, 시장경제와 공정거래 과목 등은 경제현상과 금융시장의 변화를 분석하는데 필요한 경제학의 기본 지식을 가르칩니다. 재무관리와 투자론은 기업, 실물 프로젝트, 금융기관, 금융상품에 대한 가치평가이론, 투자전략수립, 금융위험관리에 관한 기본 원리를 다룹니다. 금융파생상품의 가격결정에 관한 기본이론은 선물옵션, 고정소득증권기초 과목을 통해 습득할 수 있습니다. 선물, 옵션, 이자율 파생상품 등의 가격결정원리를 이해하기 위해서는 선형대수학, 미분방정식, 해석학, 확률과 측도, 금융수학 등의 수학 과목에서 터득할 수 있는 수학의 기본원리가 전제되어야 합니다. 수치해석, 계산금융 등의 과목을 통해 금융파생상품의 가격결정이론과 포트폴리오 투자전략을 금융시장에서 구현하는 방법론을 배우게 됩니다.

특히, 3년간 시리즈로 개설되는 글로벌금융이슈(EBP) 과목은 글로벌 금융시장에 관한 정보분석능력, 의사결정능력 등과 같은 글로벌 금융시장의 리더에게 필요한 소양을 갖출 기회를 제공합니다."

(2) 개설 대학
공주대 국제금융공학전공, 서경대 금융정보공학과, 숭실대 정보통계보험수리학과, 아주대 금융공학과, 인하대 글로벌금융학과, 중앙대 글로벌금융학과, 한림대 금융정보통계학과, 한신대 수리금융학과, 한양대 파이낸스경영학과 등.

7) 특성화고졸업재직자 전형

(1) 전공 소개

금융학과 재직자 전형은 직장생활과 대학 공부를 동시에 할 수 있도록 한 특별전형이다. 강남대 금융정보학과의 학과 소개를 살펴보기로 한다.

"금융정보학과는 금융전문가의 중요성이 부각된 1997년 우리나라의 IMF 경험과 금융시장에 대한 이해와 관리가 얼마나 절실한지 보여준 사례라고 할 수 있는 2008년 미국에서 비롯된 세계 금융위기를 통해 위상이 높아진 금융전문가 양성의 전문화와 그 수요에 신설되었습니다. 금융 분야를 중심으로 국가 간 경쟁이 심화되면서 국가적인 차원에서 금융전문가 양성이 필요할 뿐만 아니라 현재 금융 기관 재직자의 직무능력개발이 절실히 요구됨으로 이에 부응하고자 합니다."

(2) 개설 대학

강남대 금융정보학과(야간), 경희대 국제통상·금융투자학과(야간), 광운대 자산관리학과(야간), 동의대 부동산금융자산경영학과(야간), 숭실대 금융경제학과(야간), 한밭대 협동조합금융학과(계약학과) 등.

2. 금융학과 리스트(가나다순, 지역별)

1) 금융학과 리스트(가나다순/ 인문, 자연계열 구분)

금융학과는 50개 대학, 60개 학과가 개설되어 있으며(세부전공 개설 대학 제외) 금융학과 리스트(가나다순)는 다음과 같다. 입시에 참고하기 바란다.

(1) 가천대 경영대학 금융수학과(인문)

(2) 가톨릭관동대 경영대학 경제금융학과(인문)

(3) 강남대 미래인재개발대학 신산업융합학부 금융정보학과(인문/야간/특성화고
   졸재직자전형)

(4) 건양대(논산, 창의융합) 세무경영대학 금융학과(인문)

(5) 경남대 경상대학 경제금융학과(인문)

(6) 경남대 경상대학 경영학부 금융보험학전공(인문)

(7) 경성대 상경대학 경제금융물류학부 금융학전공(인문)

(8) 경일대 글로벌경영대학 금융증권학과(인문)

(9) 경희대 정경대학 국제통상, 금융투자학과(인문/야간/특성화고 졸 재직자 전형)

(10) 계명대 사회과학대학 경제금융학과(인문/주, 야)

(11) 국민대 경영대학 파이낸스보험경영학과(인문/자연)

(12) 공주대 본부대학 국제학부 국제금융공학전공(자연)

(13) 광운대 법과대학 자산관리학과(인문/재직자특별전형)

(14) 광주대 경영대학 부동산금융학과(인문)

(15) 극동대 경영대학 금융자산관리학과(인문)

(16) 나사렛대 사회과학부 국제금융부동산학과(인문)

(17) 대구가톨릭대 글로벌비지니스대학 경제금융부동산학과(인문)

(18) 대구가톨릭대 글로벌비지니스대학 경영학부 기업금융전공

(19) 대구대 경상대학 금융보험학과(인문)

(20) 대구한의대 웰니스융합대학 통상경제학부 세무금융전공(인문)

(21) 동국대(경주) 사회과학대학 글로벌경제통상학부 경제금융학전공(인문)

(22) 동명대 경영대학 경영학부 금융회계학과(인문)

(23) 동서대 경영학부 글로벌금융전공(인문)

(24) 동아대(승학) 사회과학대학 금융학과(인문)

(25) 동의대 상경대학 경제 · 금융보험 · 재무부동산학부(인문)

(26) 동의대 상경대학 부동산금융자산경영학과(특성화고교출신자)

(27) 목원대 사회과학대학 금융보험부동산학과(인문)

(28) 목포대 경영대학 금융보험학과(인문)

(29) 부산외대 데이터경영. 금융학부 금융보험수리전공(인문)

(30) 상명대 경영대학 경제금융학부(인문)

(31) 상명대(천안) 융합기술대학 글로벌금융경영학과(인문)

(32) 서경대 이공대학 금융정보공학과(자연)

(33) 서원대 글로벌경영대학 금융보험학과(인문)

(34) 송원대 인문사회대학 금융세무경영학과(인문)

(35) 수원대 경상대학 경제학부 경제금융학전공(인문)

(36) 순천향대 글로벌경영대학 경제금융학과(인문)

(37) 순천향대 글로벌경영대학 IT금융경영학과(인문)

(38) 숭실대 경제통상대학 금융경제학과(인문/특성화고졸재직자)

(39) 숭실대 경영대학 금융학부(인문)

(40) 숭실대 자연과학대학 정보통계. 보험수리학과(자연)

(41) 아주대 경영대학 금융공학과(인문/자연)

(42) 영남대 경제금융학부 경제금융전공(인문/ 주, 야)

(43) 영산대(양산) 평생교육대학 부동산금융자산관리학과(인문)

(44) 우송대 솔아시아서비스융합대학 금융 · 세무경영학과(인문)

(45) 인제대 인문사회과학대학 국제경상학부 경제금융전공(인문)

(46) 인하대 경영대학 글로벌금융학과(인문/자연)

(47) 전주대 경영대학 금융 · 보험학과(인문)

(48) 중앙대 경영경제대학 경영학부 글로벌금융전공(인문)

(49) 창원대 글로벌비지니스학부 금융보험학트랙(인문)

(50) 한국외대(글로벌) 경상대학 국제금융학과(인문) 92(94)명

(51) 한라대 경영사회대학 금융보험학전공(인문)

(52) 한림대 경영대학 재무금융학과(인문)

(53) 한림대 자연과학대학 금융정보통계학과(자연)

(54) 한밭대 경상대학 협동조합금융학과(계약학과)

(55) 한신대 IT대학 수리금융학과(자연)

(56) 한양대 경제금융대학 경제금융학부(인문)

(57) 한양대 경영대학 파이낸스경영학과(인문)

(58) 한양대(에리카) 경상대학 보험계리학과(인문/자연)

(59) 협성대 경영대학 금융보험학과(인문)

(60) 홍익대(세종) 상경대학 금융보험학 전공(인문)

※ 가천대 글로벌경영학트랙 재무금융, 성균관대 글로벌경제학과 금융경제 트랙,
　우송대 솔브릿지경영학부 파이낸스전공 등 파이낸스 세부 전공을 개설하고 있다.

2) 금융학과 리스트(지역별)

금융학과는 서울지역에 8개 대학 11개 학과, 인천·경기·강원지역에 12개 대학 13개 학과, 대전·충청지역에 11개 대학 12개 학과, 광주·전라지역에 4개 대학 4개 학과 그리고 부산·대구·경상지역에 16개 대학 20개 학과가 각각 개설되어 있다.

서울특별시

① 경희대 정경대학 국제통상, 금융투자학과(인문/특성화고졸재직자전형)

② 광운대 법과대학 자산관리학과(인문/재직자특별전형)

③ 국민대 경영대학 파이낸스보험경영학과(인문)

④ 상명대 경영대학 경제금융학부(인문)

⑤ 서경대 이공대학 금융정보공학과(자연)

⑥ 숭실대 경제통상대학 금융경제학과(인문/특성화 고졸, 재직자)

⑦ 숭실대 경영대학 금융학부(인문)

⑧ 숭실대 자연과학대학 정보통계. 보험수리학과(자연)

⑨ 중앙대 경영경제대학 경영학부 글로벌금융전공(인문)

⑩ 한양대 경제금융대학 경제금융학부(인문)

⑪ 한양대 경영대학 파이낸스경영학과(인문)

인천광역시

① 인하대 경영대학 글로벌금융학부(인문/자연)

경기도

① 가천대 경영대학 금융수학과(인문)

② 강남대 미래인재개발대학 신산업융합학부 금융정보학과(인문/야간/특성화고
  졸재직자전형)

③ 수원대 경상대학 경제금융학부(인문)

④ 아주대 경영대학 금융공학과(인문/자연)

⑤ 한국외대(글로벌) 경상대학 국제금융학과(인문)

⑥ 한신대 IT대학 수리금융학과(자연)

⑦ 한양대(에리카) 경상대학 보험계리학과(인문/자연)

⑧ 협성대 경영대학 금융보험학과(인문)

강원도

① 가톨릭관동대 경영대학 경제금융학과(인문)

② 한라대 경영사회대학 금융보험학전공(인문)

③ 한림대 경영대학 재무금융학과(인문)

④ 한림대 자연과학대학 금융정보통계학과(자연)

대전광역시

① 목원대 사회과학대학 금융보험부동산학과(인문)

② 우송대 솔아시아서비스융합대학 금융·세무경영학과(인문)

③ 한밭대 경상대학 협동조합금융학과(계약학과)

충청남도

① 건양대 세무경영대학 금융학과(인문)

② 공주대 본부대학 국제학부 국제금융공학전공(자연)

③ 나사렛대 사회과학부 국제금융부동산학과(인문)

④ 상명대 융합기술대학 글로벌금융경영학과(인문)

⑤ 순천향대 글로벌경영대학 경제금융학과(인문)

⑥ 순천향대 글로벌경영대학 IT금융경영학과(인문)

⑦ 홍익대 상경대학 금융보험학전공(인문)

충청북도

① 극동대 경영대학 금융자산관리학과(인문)

② 서원대 글로벌경영대학 금융보험학과(인문)

광주광역시

① 광주대 경영대학 부동산금융학과(인문)

② 송원대 인문사회대학 금융세무경영학과(인문)

전라남도

① 목포대 경영대학 금융보험학과(인문)

전라북도

① 전주대 경영대학 금융·보험학과(인문)

부산광역시

① 경성대 상경대학 경제금융물류학부 금융학전공(인문)

② 동명대 경영대학 경영학부 금융회계학과(인문)

③ 동서대 경영학부 글로벌금융전공(인문)

④ 동아대(승학) 사회과학대학 금융학과(인문)

⑤ 동의대 상경대학 경제 · 금융보험 · 재무부동산학과(인문)

⑥ 동의대 상경대학 부동산금융자산경영학과(특성화고교계열출신자)

⑦ 부산외대 데이터경영. 금융학부 금융보험수리전공(인문)

⑧ 영산대 평생교육대학 부동산금융자산관리학과(인문)

대구광역시

① 계명대 사회과학대학 경제금융학과(인문/주, 야)

② 대구가톨릭대 글로벌비지니스대학 경제금융부동산학과(인문)

③ 대구가톨릭대 글로벌비지니스대학 경영학부 기업금융전공

④ 대구대 경상대학 금융보험학과(인문)

⑤ 대구한의대 웰니스융합대학 통상경제학부 세무금융전공(인문)

경상남도

① 경남대 경상대학 경제금융학과(인문)

② 경남대 경상대학 경영학부 금융보험학전공(인문)

③ 인제대 인문사회과학대학 국제경상학부 경제금융전공(인문)

④ 창원대 경영대학 글로벌비지니스학부 금융보험트랙(인문)

경상북도

① 경일대 글로벌경영대학 금융증권학과(인문)

② 동국대(경주) 사회과학대학 글로벌경제통상학부 경제금융학전공(인문)

③ 영남대 경제금융학부 경제금융전공(인문/ 주, 야)

3. 전문대학, 사이버대학, 사내대학 금융학과 리스트

1) 전문대학 금융학과 리스트

전문대학 금융학과가 개설된 대학은 인천 1개, 경기 5개, 강원 1개, 대전 2개, 충북 1개, 전북 1개, 대구 2개, 경북 2개, 부산 2개 대학 등 모두 17개 대학이다.

① 경인여대 금융서비스과(인천/사립/인문)
② 구미대 글로벌금융자산과(경북/사립/인문)
③ 대구과학대 금융부동산과(대구/사립/인문)
④ 대구보건대 금융회계과(대구/사립/인문/특성화)
⑤ 대전보건대 금융보험과(대전/사립/인문)
⑥ 동부산대 금융경영과(부산/사립/인문)
⑦ 동원대 부동산자산관리과(경기/사립/인문)
⑧ 두원공과대 자동차손해보상과(경기/사립/인문)
⑨ 부산여대 금융, 고객서비스과(부산/사립/인문)
⑩ 수원과학대 증권금융과(경기/사립/인문)
⑪ 안산대 금융정보과(경기/사립/인문)
⑫ 영남외국어대 부동산재테크과(경북/사립/인문)
⑬ 웅지세무대 부동산금융평가과(경기/사립/인문)
⑭ 전주기전대 금융자산관리과(전북/사립/인문)
⑮ 충북보건과학대 금융보험부동산과(충북/사립/인문)
⑯ 한림성심대 부동산자산관리과(강원/사립/인문)
⑰ 혜천대 금융부동산행정과(대전/사립/인문)

2) 방송통신대, 사이버대, 사내대학

① 한국방송통신대 프라임칼리지 금융서비스학부 회계금융ㆍ서비스경영 전공
② 건양사이버대 사회학부 금융부동산학과
③ 경희사이버대 경영학부 자산관리학과
④ 사이버한국외국어대 금융회계학부
⑤ 서울디지털대 인문사회계열 보험금융학과
⑥ 서울사이버대 경상학부 금융보험학과
⑦ 열린사이버대 인문사회계열 금융자산관리학과
⑧ 한양사이버대 경제/경영계열 경제금융학과
⑨ 사내대학 KDB대학 금융학과 학사과정

II. 금융학과에 바람직한 인재상

금융학과에 바람직한 인재상은 무엇일까? 이에 대한 정답은 없다. 다만 공통 분모는 존재할 것이다. 국민대학교 학생부종합전형 파이낸스보험경영학과의 인재상은 '비즈니스마인드, 글로벌 역량, 창의적 사고, 문제 해결력을 바탕으로 금융전문가 또는 전문경영자로 발전가능성이 높은 학생'이라 정의한다. 아주대학교 금융공학과의 학생부종합 인재상은 '금융 제반의 이론과 현상에 관한 이해와 창의적 사고 및 수리적 분석 능력을 두루 갖추어 국제금융시장의 엘리트 및 리더로 성장할 수 있는 인재'라고 정의한다. 금융학과가 설치된 대학을 살펴보면 건강한 인성, 경제의 이해, 수리적 감각, 국제적 안목, ICT 활용 리더십을 요구하고 있다.

1. 건강한 인성

직업에는 귀천이 없다. 다만 다름이 존재할 뿐이다. 세상에는 존경할 세 종류의 직업이 있다고 한다. 인간의 영혼을 구원하는 성직자, 인간의 정신을 훈육하는 교육자, 인간의 육체를 치료하는 의료진이라고 한다. 이는 인간에 대한 존중과 배려의 표현이다.

금융학에서 요구하는 인성에는 특별함이 있다. 금융학과의 졸업 후 진로는 국가 발전과 부의 유지와 창출에 초점이 맞추어져 있다. 따라서 금융에 관련된 직종은 불특정 다수의 자산을 관리하는 경우가 많다. 사리사욕이나 잘못된 판단으로 개인, 사회, 국가경제는 물론 세계적으로 커다란 혼란을 야기할 수 있다. 금융에서의 상대방에 대한 존중과 배려는 건강한 인성에서 기인한다.

223년 역사의 영국 베어링은행 사건, 미국 오렌지 카운티 사건, 엔론 사건 등은 좋은 실례이다.

2. 경제의 이해

경제(經濟)란 경세제민(經世濟民)의 줄인 말로 인간이 생활함에 있어 필요로 하는 재화나 용역을 생산, 분배, 소비하는 모든 과정을 말한다. 경제학은 무한한 인간들의 욕망을 채워주기 위해 희소한 자원을 어떻게 활용해야 하는지를 연구하는 학문이다. 금융과 금융학은 경제와 경제학을 기반으로 응용, 발전된 분야와 응용과목이다. 따라서 경제의 이해 없이는 금융, 금융학, 금융시장, 금융 산업, 금융 시스템의 설명이 불가능하다. 또한 경영학, 심리학, 통계학, 수리학, 컴퓨터공학 등 인접 학문과의 활용과 이해가 필요하다.

3. 수리적 능력

금융학은 문과 계열과 이과 계열 그리고 문, 이과가 분리 모집되는 세 가지 유형으로 나누어진다. 문과의 경우 대부분 상경계열에 소속된 학과이다. 인문계열에서도 심리학, 통계학과 유사하게 수학, 수리, 통계를 활용하는 비중이 높다. 수리적 자질과 능력이 부족한 학생이 진학하는 경우 학업에 어려움을 겪는다. 이과계열의 경우 자연과학대학이나 IT대학에 개설되어 있다. 이과의 경우 문과와 상대적으로 사회적 현상에 대한 관심이 요구된다. 문, 이과가 분리 모집되는 대학으로 아주대학교 금융공학과의 경우 수시는 이과를, 정시는 문과를 모집한다. 인하대학교 글로벌금융학과와 한양대 파이낸스경영학과의 경우 문, 이과의 정원을 분리하여 모집한다.

4. 국제적 안목

누구도 세계화의 흐름을 역행할 수 없다. 세계는 교통수단의 발달과 정보통신의 발전으로 더욱 좁아지면서 무한경쟁 시대로 진입되어 있다. 아마존의 밀림에서 생활하는 원시 부족이나 북극의 에스키모인이 아닌 이상 금융 없는 경제생활을 영위할 수 있을까? 주식, 펀드, 채권, 외환, 금, 원자재 등에 투자하는 개인투자자도 국내·외 투자에 관련된 사이트를 검색하고 의사결정을 한다. G2 시대에 영어를 기본으로, 진출하고자 하는 지역, 국가의 언어(중국어, 일본어, 아랍어 등)는 금융 전 공자가 반드시 갖추어야 할 기본 소양이다. 특히 금융에 있어서 영어가 매우 중요 하다는 점은 명백하다.

5. 정보통신(ICT) 활용

ICT는 Information Communication Technology(정보통신기술)의 줄임말 로 현대 금융경제가 성장하는데 지대한 영향을 발휘했다. 금융은 핀테크(Financial Technology)의 등장, 인터넷전문은행(Internet Only Bank)의 설립, 모바일페이 (Mobile Pay)의 확대, 로보어드바이저(Robo-advisor)의 채택, 사물인터넷(IoT)의 확장, 빅데이터(Big Data)를 이용한 금융과 ICT의 융합으로 급격한 변화의 시대를 맞고 있으며, 무한대의 확장성은 누구도 금융의 미래를 예측할 수 없다. 빠르게 변 화하는 세계 금융생태계의 환경에서 금융 산업에 진출하고자 한다면 ICT 능력의 배양은 필수적이다.

6. 리더십(Leadership)의 배양

금융학과 수시 학생부종합전형의 인재상의 공통 단어는 리더십이다. 리더십 을 사전적으로는 정의하면 "조직의 목적을 달성하려고 구성원을 일정한 방향으로 이끌어 성과를 창출하는 능력"이다. 경영자가 경영을 조직화하고 경영활동을 조정 해 가는 기능을 말하며, 목적은 경영의 활동이 시작하기 전에 경영정책을 세우고 활동의 목표와 방향을 정하고 그 방향에 따라 활동을 지휘하고 통일을 가져오는데 있다.

현대 경제활동에 있어서 금융은 개인, 기관, 회사, 사회의 개별 능력으로 운용 하는데 한계가 있으며, 국경을 넘어 전 세계적으로 유기적이고 복합적으로 관련성을 맺고 있다.

따라서 금융학을 전공하고 미래 금융과 연관된 업종과 기관에 진출하고자 한다면 미래를 전망하는 선견력과 리더십을 배양해야 한다.

Ⅲ. 금융학과에서는 무엇을 배우는가?

금융학과는 과연 무엇을 배우는가? 지역사회의 수요와 특성을 고려해 강점 분야 중심의 대학 특성화 기반을 조성하고, 대학의 체질 개선을 유도하기 위해 마련된 사업으로 대학특성화사업(CK사업)이 있다. 금융학과 중에서 대학특성화사업(CK사업)에 선정된 가천대 수학기반 금융미드필더 양성사업단의 금융수학과와 순천향대 글로벌 금융IT융합 전문인력 양성사업단의 IT금융경영학과 그리고 한양대 금융퀀트 빅데이터 전문인력 교육사업단의 파이낸스경영학과의 교육과정을 알아보기로 한다. 또한 교육과학기술부가 주관한 세계수준의 연구중심대학(World Class University, WCU) 육성사업의 금융공학 분야에서 단독으로 선정된 아주대학교 금융공학과의 주요 교과목을 알아본다. 특히 금융공학과는 WCU사업에 선정된 세계적인 연구 능력과 교육 능력을 갖춘 교수진으로 구성된 국내 유일의 World Class 과정이다.

1. 가천대 금융수학과

교육부 특성화사업 수도권 1위 선정. 금융미드필더사업단 소속 특성화학과이며, 수능 평균성적(수능반영 영역 비율 적용)이 1.6등급 이내인 학생은 4년간 등록금 전액(입학금 포함)과 월 30만 원을 지원하며, 정시 최초합격자 중 수능성적(수능반영 영역 비율 적용)이 2.0등급 이내인 자는 1년간 등록금(입학금 포함)을 지원하는 장학 혜택이 있다.

1) 전공 소개

금융수학과에서는 창조경제를 책임질 미래의 인재양성을 위하여 금융과 IT 그리고 수학을 융합한 특화된 교과과정을 제공한다. 특히 전공심화 교과목에 대하여 플립러닝이나 서비스러닝과 같은 교육과정 혁신을 통하여 실무 위주의 교육과정을 제공한다.

2) 교육 목표

◆ 지성과 인성을 갖춘 창의적 인재 양성을 교육 목표로 한다.
◆ 금융, IT, 수학에 대한 깊은 이해와 이를 활용할 수 있는 능력을 배양한다.
◆ 기업과 사회에서 필요한 직업 윤리의식을 함양하도록 한다.

3) 교과과정

◆ 교양필수: 생명과 나눔, 인성세미나, 과학기술 글쓰기
◆ 교양선택: 인간과 예술, 창의와 표현, 사회와 역사
◆ 계열교양: 경제학원론1, 수학 1, 프로그래밍기초, 수학 2, 프로그래밍언어 및 실습
◆ 전공필수: 금융개론, 미분방정식 1, 선형대수 1, 집합론, 해석학 1, 해석학 2
◆ 전공선택: 금융IT프로그래밍, 미분방정식 2, 선형대수 2, 수리 S/W활용 및 실습, 확률론, 거리공간론, 금융공학, 금융시계열분석, 수치해석, 실해석학, 통계학, 핀테크(금융IT기술), 파생상품론, 대수적 위상수학개론, 미분기하학, 응용수학과 수리모델링 등

2. 순천향대 IT금융경영학과

Big Date 시대의 금융과 ICT 융합을 선도할 인재를 양성하는 글로벌 금융IT 융합 전문 인력 양성사업단의 소속 특성화학과이다. 교육 역량 강화, 취업 역량 강화, 교육 나눔 강화, 교육 환경 개선 프로그램을 운영하고 있다.

1) 전공 소개

IT금융경영학과는 금융과 보험 분야에서 요구하는 인재양성을 위해 특화된 학과이다. 이러한 인재양성을 위해 학습과정을 저학년(1, 2학년)은 경제, 경영의 기초과목을 학습하며, 고학년(3, 4학년)은 저학년에서 배운 내용을 실제 환경에서 활용하는 실용적 학습으로 크게 두 단계로 나누었다. 이와 함께 외국어 교육이 병행된다.

2) 교육 목표

IT금융경영학과의 교육 목표는 글로벌 환경하에서 금융 이론은 물론 글로벌 소양을 갖춘 창의적이며 실용적인 인재 양성에 있다.

3) 교과과정

◆ 학과기초: 경제학원론, 경영학개론, 금융보험기초, 엑셀통계, 보험학개론, 회계학원론, 기획과 창업, 인문학강의 1 · 2 · 3 · 4 · 5, 인간과 경영, 글로벌비즈니스조사, 금융보험 연구 및 취업
◆ 전공: 금융과 e-business, 데이터구조, 금융IT수학, 미시경제학, e-CRM, 손해보험, 재무회계, 보험법, 거시경제학, 기업재무분석, 원가회계, 생명보험, IT손해사정이론, 금융시스템보안, 연금모델링, 금융자료분석, 디지털금융, 빅데이터분석, 프로젝트파이낸스 등

3. 한양대 파이낸스경영학과

우리나라 금융학과 중에서 가장 대표적인 특성화학과인 한양대 경영대학 파이낸스경영학과의 전공 소개, 교육 목표, 교과과정에 대해서 살펴보기로 한다. 한

양대 파이낸스경영학과는 한양대가 적극 지원하는 다이아몬드 7학과(자연계열 4개 학과: 융합전자공학부, 소프트웨어전공, 에너지공학과, 미래자동차공학과와 인문계열 3개 학과: 정책학과, 행정학과, 파이낸스경영학과) 가운데 하나이며, 수시와 정시 합격자 전원에게 4년 전액 장학금을 지급(학점 유지 조건)하는 대표적인 특성화학과이다.

1) 전공 소개

파이낸스경영학과는 최근의 금융시장 환경 변화와 시대적 요구에 부응하여 금융 산업의 전문 지식과 실무를 겸비한 글로벌 금융전문가 양성을 목표로 신설하게 되었다.

금융(Finance)경영학과에 입학하는 학생은 경영학도로서의 기본 자질을 갖추기 위해 다양한 경영학 과목을 이수함과 동시에 금융 전문가로서의 특화를 위해 재무, 금융전공 교과목을 기본으로 경제학과 수학 등 연계된 교과목을 폭넓게 이수하게 된다.

학생들은 본인의 적성과 희망에 따라 진로를 선택하고, 재무금융 전공 지도교수의 철저한 지도로 최적의 교과과정을 선택, 수강할 수 있는 맞춤형 교과과정을 수학하게 된다. 이를 통해 최적의 학습은 물론 지도교수와 형성된 돈독한 유대관계를 지속해서 이어갈 것이다.

졸업 후에는 주로 은행, 보험, 증권사 등 금융기관에 취업하여 펀드매니저, 애널리스트, 금융공학 전문가, 금융위험관리 전문가 등으로 역할을 하게 되며, 일반기업에 입사할 경우에도 회사 업무의 핵심인 재무 관련 분야에서 역할을 수행하게 된다.

물론 교비 해외유학제도 등의 장학 혜택을 이용하여 학자로서의 길을 걸을 수도 있다. 또한 대학 수학 기간 동안 CPA(공인회계사), CFA(국제공인재무분석사) 등 전문자격증을 취득할 수 있는 교과과정이 마련되어 있다.

재학 중 성적 상위자에게는 미국 대학 1년 유학의 기회를 제공하고, 국내·외 주요 금융사의 다양한 인턴십 프로그램을 제공함으로써 실무에 적용 가능한 이론과 실무로 무장된 글로벌금융인을 배출해낸다.

2) 교육 목표

금융시장 환경변화와 시대적 요구에 부응하여, 금융 산업의 전문지식과 실무를 겸비한 금융전문가 양성.

3) 교과과정

한양대학교 경영대학 파이낸스경영학과의 교과목은 기초필수, 전공핵심, 전공심화로 분류하고 있다.

◆ 기초필수

말과 글, 기업과 경영의 이해, 수리경제입문, 커리어디자인, 휴먼리더십(HELP1), 금융시장의 이해, 기업정보의 이해, 커리어디자인 2, 한양 사회봉사, 글로벌금융 커뮤니케이션, 전문 학술영어, 글로벌리더십(HELP2), 비즈니스리더십(HELP3), 셀프리더십(HELP4) 등이 개설되어 있다.

◆ 전공 핵심

경제원론 1, 기초 재무관리, 기초 투자론, 재무회계 1, 투자론, 재무회계 2, 고급 경영통계, 재무관리, 조직행동, 마케팅관리, 계량금융, 채권금융론, 파생증권론, 기업재무론, 재무금융 시계열 예측, 외환관리론, 국제재무론 등이 개설되어 있다.

◆ 전공 심화

원가회계, 기초경영통계, 거시경제 1, 미시경제 1, 관리회계, 자산가격결정이론, 회계감사, 세법개론, 대체투자론, 마이크로파이낸스와 소사업경영, 보험재무, 전공현장실습 1, 재무사례연구, 세무회계, 고급회계, 컴퓨터파이낸스, 국제투자론,

위험관리, 전공현장실습 2, 재무제표분석, 금융기관론, 금융공학, 개인자산관리론, 금융윤리, 금융공학실습, 행동재무론 등이 개설되어 있다.

4. 아주대학교 금융공학과 교과목 소개

○ EBP: 글로벌금융이슈 1(EBP: Global Financial Issues 1)

정보는 투자에 관한 의사결정에 필수적이다. 동 과정은 궁극적으로 *Wall Street Journal, Financial Times, New York Times, Washington Post, Asian Wall-Street Journal, Bloomberg* 등 주요 국제 뉴스 매체를 통해 전파되는 경제 관련 뉴스를 신속하게 수집하고 분석하는 능력을 습득하는 것을 목적으로 한다. 이를 위해 1학년 1학기 과정에서 국내 주요 일간지와 국내에서 발행되는 영문 매체의 경제 관련 기사를 읽고 분석하는 습관과 능력을 키운다.

○ 수학 1(Calculus 1)

선수과목: 기초수학(배치고사 미통과자)

미분적분학은 수학의 기본적인 분야로 두 가지의 상호 보완적인 개념으로 이루어져 있다. 그중 하나인 미분은 직선의 기울기와 같은 변화율을 연구하는 것이다. 다른 하나인 적분은 곡선 아래의 면적, 체적 등과 같은 양들의 집적을 연구하는 것이다. 미분과 적분의 관계에 관한 미분적분학의 기본정리를 배운다. 금융공학을 연구하기 위한 기초 수학 과목으로서 실수의 성질, 급수, Taylor 전개, 벡터 및 행렬과 행렬식, 공간의 곡선 등과 그 응용을 배운다.

○ 경제적 사고방식 1(The Economic Way of Thinking 1)

이 과목의 목적은 학생들이 시장·기업·정부·화폐라는 제도적 장치가 진화한 과정을 역사적·이론적 시각에서 넓고 깊게 관찰하고, 이 동태적 과정을 유도·추진한 체제와 이념의 본질을 이해하도록 도와주려는 것이다. 동시에 여건에 도전하고 난관을 극복하기 위한 조직과 정책을 전개하면서 나타나는 다양한 목적과 수단 간의 갈등과 조화, 특히 정부와 시장의 관계를 조명하고 현실 경제의 저변에 있는 구조적 틀을 규명한다. 학생들은 이 과목을 통해서 정통 경제학의 근원에 있는 인간행동과 사회동학의 논리를 규명하는 한편, 부분적으로 정통경제학의 한계를 넘어 경제를 통찰하는 분석안을 갖춤으로써 경제학과 현실 경제를 좀 더 근접하여 이해할 수 있을 것이다. 이 과목은 그 주제의 넓이와 깊이에 비추어 1년 2학기에 걸쳐 연속적으로 운영된다. 특히 정형적인 교과서를 중심으로 하는 통상적인 강의와 달리, 학생의 지식 수준을 감안하여 주제별로 엄선한 석학들의 글을 (영문) 원전으로 읽고 발표하고 토론하는 방법으로 진행된다.

○ 확률 및 통계 1(Probability and Statistics 1)

비결정적 현상을 기술하고 분석하는데 사용되는 수학적 도구로서 확률모형을 소개한다. 확률과 확률변수, 확률 분포와 기대치, 표본분포, 중심극한정리, 점추정과 신뢰 구간, 가설 검정과 오류, 범주형자료와 분류표분석, 측정형자료의 분석 등에 대해 공부한다.

○ 경제원론 1(Principles of Economics 1)

이 과목은 시장경제의 기본 원리를 소개하고 실제 발생하는 현상들을 경제 원리에 의해 설명하고 분석할 수 있는 능력을 배양하는데 그 목적이 있다. 효율적인 강의 이해를 위해서 기본적인 미분 및 함수, 방정식에 대한 수리 지식이 요구되며 교환, 기회비용, 한계비용 등 기본 경제학 개념 및 수요 공급분석을 통한 시장 메커니즘의 이해, 소비자-생산자 이론, 상품 시장과 경쟁, 생산요소시장과 소득분배, 국제무역 등이며 미시경제학의 전반적인 부분들을 살펴본다.

○ 회계원론(Principles of Accounting)
선수과목 : 경제원론1.
• 재무회계의 Framework: 회계기준, 회계 등식과 복식부기 system. 현금주의 회계와 발생주의 회계의 차이점. 회계순환과정, 거래의 분석과 분개, 기초 재무

제표. 자산, 자본과 부채의 가치평가, 내부통제 system, 현금통제.

• 회계 원리와 개념: 재무보고의 목적, 회계정보의 질적 특성 등 재무제표 작성의 기초가 되는 회계 개념, 원칙과 가정.

• 기업회계: 주식회사의 특징, 기업회계와 관련된 문제점과 회사의 재무제표 작성.

• 한국채택 국제회계기준 소개

• 재무제표의 분석과 해석: 재무제표의 분석과 해석의 필요성과 분석방법, 비율분석과 현금 흐름표의 분석 방법, 기초적인 재무 비율계산법과 해석, 비율분석의 한계점.

• 회계와 윤리: 회계정보 작성 시 지켜야 할 직업적 윤리.

○ 재무관리(Financial Management)

선수과목 : 확률 및 통계1, 수학1, 경제원론1, 회계학원론

이 과목의 목표는 학생들이 재무관리의 기본이론과 기법에 대한 폭넓은 지식을 얻는 데 있다. 이 과목에서 학생들은 자본의 조달 및 운용에 관한 구조적인 측면과 기능적인 측면을 배우게 된다. 자본 및 금융시장에서의 자금의 조달방법, 자본비용 계산, 투자안의 분석 및 평가, 자본예산 편성, 기업의 유동성 관리, 자본구조 정책, 배당 정책, 재무예측 등이 이 과목에서 다루어지는 주요 주제들이다.

○ 미분방정식(Differential Equations)

미적분학을 기초로 하여 변화율과 관계된 자연현상이나 사회현상을 설명하는 데 필요한 미분방정식을 모델링하고, 다양한 미분 방정식에 맞는 여러 해법을 공부한다.

이 과목 수강으로

1. 미분방정식을 안다.

2. 미분방정식과 관련된 현상들을 수학적으로 모델링 한다.

3. 방정식에 맞는 해법을 찾아 방정식의 해를 구한다.

4. 방정식의 해를 해석한다.

○ 국제재무관리(International Financial Management)

선수과목 : 재무관리

글로벌 경영환경에서 기업의 경영활동은 국제적으로 이루어진다. 그리고 이는 필연적으로 국제적 규제 및 환율 및 이자율 변동 등 각종 리스크에 기업이 노출됨을 의미한다. 국제재무관리는 이러한 국제적인 기업 활동에 있어서 가장 핵심이 되는 외환 및 이자율과 관련된 기본적인 이론과 함께 그 위험의 헷징을 통한 기업가치의 향상에 관해 학습한다. 또한 이와 관련된 주제로 각종 외국인 투자 및 다국적 금융시장에 관해서 공부한다.

○ 해석개론 1(Introduction to Analysis I)

선수과목 : 수학1 B0 이상

본 과목은 해석학의 입문 과정에 해당한다. 실수와 복소수 체계, 집합론과 위상수학의 기초, 수열의 극한과 무한급수, 함수의 극한과 연속성 등을 주로 공부한다.

○ 금융기관(Banks and Financial Institutions)

금융기관의 경제 구조에서의 역할을 중심으로, 금융기관의 기능, 금융기관에 영향을 미치는 이자율에 대한 이해, 통화의 확대 과정에 대한 이해, 금융기관의 특성에 대한 이론적인 측면을 살펴보고, 우리나라 금융기관에 대한 공부를 통하여 금융기관에 대한 이론적 접근과 실제에 대한 접근을 시도한다.

○ 계산금융(Computational Finance)

본 수업에서는 기존에 학습했던 파생상품의 가격결정, 가치측정, 위험 측정 및 관리, 헷징 시뮬레이션 등을 C++, JAVA, Matlab, Excel VBA 등 프로그래밍 언어를 이용하여 직접 수행해본다. 이를 위해 프로그래밍의 기초에 대해 학습을 하고 다양한 방법으로 파생상품 평가와 리스크 측정하는 원리를 배운다. 이를 위해 분석적 방법과 수치해석 방법에 대해 학습하고, Value at Risk와 Greek에 대해 학습한다.

ㅇ 행동금융학(Behavioral Finance)

본 과목은 불확실한 상황에서 인간의 선택(의사결정)은 합리성을 전제로 하고 있다는 기존의 경제학적 관점에서 탈피하여, 다양한 상황에서 인간의 심리(감정, 직관 Heuristics)가 판단의 편향 즉, 비(非)합리적이고 비(非)이성적인 의사결정으로 관찰될 수 있다는 것을 많은 이론적, 실험적 연구결과와 함께 이를 근거로 의사결정과 관련된 실제 사회현상을 이해하는 기회로 삼는 것을 목표로 하고 있다. 이를 위해, 수업 초반에는 행동 및 심리 연구방법론의 기본개념(예: 신뢰도-타당도 등)에 대한 학습을 통하여 기존 문헌에 대한 이해의 깊이를 더하고자 하며, 이후에는 금융 상황에서의 의사결정과 관련된 기존 연구와 실제 사회적 현상들을 중심으로 학습하게 될 것이다.

ㅇ 금융공학세미나(Special Issues in Financial Engineering)

동 과목에서는 금융공학부에서 3학년까지 배운 경제학, 재무학, 금융공학의 내용을 토대로 분석할 수 있는 금융공학의 중요한 토픽이나 시사적 이슈들을 다룰 것이다.

IV. 취득 자격증

자격증은 어떤 직무에서 임직원이 특정 수준의 숙련이나 자질을 갖추었음을 공식적으로 인증하는 증서이다. 취업하고자 하는 금융기관(은행, 보험, 금융투자업 등)이나 개업하고자 하는 직종에 따라 자격증을 준비해 두면 도움이 된다. 자격증은 통용되는 지역에 따라 국제통용 자격과 국내 자격으로 나눌 수 있으며, 국내 자격증은 국가자격증과 민간자격증으로 나뉘며, 민간 자격증은 다시 국가공인자격과 비공인자격으로 나눌 수 있다. 국가공인자격증은 국가에서 공인하는 자격증이며, 비공인 민간자격증은 시험을 시행하는 기관에서 인정하는 자격증이다.

1. 국제금융자격증

금융시장의 글로벌화의 진전을 배경으로 국제통용자격증에 대한 관심이 증대되고 있으며, 특히 미국공인회계사(AICPA), 미국보험계리사(ASA, FSA), 국제재무분석사(CFA), 국제재무위험관리사(FRM), 국제공인관리회계사(CMA), 국제공인재무관리사(CFM) 등에 대한 인지도가 높게 형성되어 있다.

1) 미국공인회계사(AICPA, American Institute of Certified Public Accountant)

* 시행 기관: 미국공인회계사협회
* 분류: 국제 자격(회계)
* 시험 시기: 연 4회
* 시험 방법: 경영 · 회계과목 학점 취득, 국내 대학 졸업자 학력 평가 과정
* 시험 소개: 미국 공인회계사는 미국공인회계사협회에서 시행하는 시험에 합격해 미국 기업들의 회계감사 업무를 할 수 있는 미국 회계 전문 자격증이다. 미국공인회계사와 한국공인회계사의 차이점은 주요 활동무대가 미국 내에 한정되지 않고 전 세계에 영향력을 미치고 있다는 점이다. 실제 우리나라 금융권에

서도 미국공인회계사 자격 소지자를 우대하고 있다.

2) 미국보험계리사(ASA, Associate of the Society of Actuaries)

* 시행 기관: 미국보험계리사협회
* 분류: 국제 자격(보험)
* 시험 시기: 연 2회
* 시험 방법: 다단계(1, 2, 3, 4) 전형
* 시험 소개: 미국과 캐나다의 보험계리인은 Society of Actuaries(SOA)의 시험(ASA 또는 FSA)을 통과해야 전문가의 지위를 얻게 된다. 시험은 전 세계 여러 도시(서울 포함)에서 봄, 가을에 연 2회 실시된다. 많은 보험계리인은 대학을 다니면서 시험을 준비하기 시작하는데, 대부분 3-5년 내에 ASA를 취득한다. ASA를 취득하고 몇 년간의 실무경력을 쌓은 후, 대부분의 ASA는 Fellowship(FSA) Exam을 치르게 된다. ASA, FSA시험은 모두 어려운 시험이며, 보험계리인이 되는 것은 많은 학습과 준비가 필요하다.

3) 국제재무분석사(CFA, Chartered Financial Analyst)

* 시행 기관: 미국CFA협회
* 분류: 국제 자격(재무)
* 시험 시기: 연 2회
* 시험 방법: level 1, 2, 3 통과. 4년 실무경력 이상
* 시험 소개: 재무분석 및 투자의사결정과 관련된 모든 직무 분야에 있어서 최고의 권위를 가진 자격으로서, CFA협회가 엄격한 기준하에 부여하고 있다. 투자 전문 구성원들로 만들어진 글로벌 비영리 단체이며, 전 세계 투자 관련 산업을 선도하고, 투자의사 결정 과정과 관련된 분야에 종사하는 전문가들을 양성하며, 전 세계 금융시장에서 최고의 국제공인 전문자격으로 인정받고 있다.

4) 국제공인재무설계사(CFP, Certified Financial Planner)

* 시행 기관: 한국FPSB
* 분류: 국제 자격(재무)
* 시험 시기: 연 1회
* 시험 방법: 1, 2차 분리 실시
* 시험 소개: CFP는 개인 고객들에게 재무설계 서비스를 제공하는 전문 자격증으로 FPSB CFP 국제본부에서 인정하는 국제전문 자격이며, CFP 인증 프로그램의 기준과 요건은 국제FPSB가 제공하는 국제 기준을 따르고 있고, 이 기준은 전 세계 25개 회원국에서 따르고 있다. CFP 인증 요건은 4E(교육 Education, 시험 Examination, 실무경험 Experience, 윤리서약 Ethics)이다.

5) 국제재무위험관리사(FRM, Financial Risk Manager)

* 시행 기관: 국제위험관리전문가협회(GARP, Global Association of Risk Professionals)
* 분류: 국제 자격(재무)
* 시험 시기: 연 2회(5, 10월)
* 시험 방법: Part 1, 2
* 시험 소개: 금융위험관리 분야의 유일한 자격증. FRM은 급변하는 금융시장의 환경 변화에 대해 조직 및 개인의 의사결정에 도움을 줄 수 있는 금융위험관리 전문가로 자본시장 전반에 걸친 지식 및 시장 분석능력을 갖춘 독자적인 의사결정자이다. FRM이 하는 일을 요약한다면 각 금융기관과 기업체의 각종 금융위험을 예측, 측정하여 적절한 대비책을 강구하는 일이라고 말할 수 있다. 금융기관과 기업을 둘러싼 금융 환경의 변동성이 증대됨에 따라 각종의 금융 위험을 과학적으로 관리할 FRM에 대한 수요 또한 급격히 증가하고 있는 추세라 할 수 있다.

금융서비스업의 주요 국제통용자격

자격의 종류	주관 기관
관리회계사 (CMA)	ICMA
미국공인회계사 (AICPA)	AICPA
미국보험계리사 (ASA, FSA)	SOA
재무관리사 (CFM)	ICMA
재무분석사 (CFA)	AIMR
재무설계사 (CFP)	FPSB
재무위험관리사 (FRM)	GARP

AICPA(American Institute of Certified Public Account)

AIMR(Association for Investment and Research)

ASA(Associate of the Society of Actuaries)

GARP(Global Association of Risk Professional)

ICMA(Institute of Certified Management Accountants)

IFSA(International Financial Services Association)

SOA(Society of Actuaries)

2. 국내금융자격

국내금융 자격은 금융의 3대 축인 은행, 보험, 금융투자(증권)와 기타 금융 자격으로 분류할 수 있다.

1) 은행 관련 금융 자격

은행 관련 금융 자격 중에서 국가공인 민간자격과 한국금융연수원(KBI) 인증 시험인 은행 텔러에 대하여 알아보기로 한다.

(1) 신용분석사(CCA, Certified Credit Analyst)

* 시행 기관: 한국금융연수원
* 분류: 국가공인
* 시험 시기: 연 3회
* 시험 방법: 필기시험(객관식)
* 시험 소개: 금융기관의 여신 관련 부서에서 기업에 대한 회계 및 비회계 자료 분석을 통하여 종합적인 신용 상황을 판단하고 신용등급을 결정하는 등 기업신용평가 업무를 담당하는 금융전문가.

(2) 여신심사역(CLO, Certified Loan Officer)

* 시행 기관: 한국금융연수원
* 분류: 국가공인
* 시험 시기: 연 2회
* 시험 방법: 필기(객관식)
* 시험 소개: 금융기관의 여신 관련 부서에서 기업에 대한 여신심사 시 국내 · 외 경제 상황과 기업의 신용 상황 및 사업성 분석을 통해 대출 실행 여부를 결정하고, 그에 따른 대출 이율 및 기간의 결정, 대손방지를 위한 제반 조치사항과 법률적 검토 의견 등을 포함한 종합적인 심사 업무를 담당하는 금융전문가.

(3) 국제금융역(CIFS, Certified International Finance Specialist)

* 시행 기관: 한국금융연수원
* 분류: 국가공인
* 시험 시기: 연 1회
* 시험 방법: 필기(객관식)
* 시험 소개: 금융기관의 국제금융 관련 부서에서 국제금융시장의 동향 파악 및 분석, 예측 등을 통하여 외화 자금의 효율적 조달과 운용 업무를 담당하고, 이에 따른 리스크 관리 등 국제금융 관련 업무를 수행하는 금융전문가.

(4) 자산관리사(FP, Financial Planner)

* 시행 기관: 한국금융연수원
* 분류: 국가공인
* 시험 시기: 연 3회
* 시험 방법: 필기(객관식)
* 시험 소개: 금융기관 영업부서의 재테크 팀 또는 PB(Private Banking) 팀에서 고객의 수입과 지출, 자산 및 부채 현황, 가족 상황 등 고객에 대한 각종 자료를 수집, 분석하여 고객이 원하는 Life Plan 상의 재무 목표를 달성할 수 있도록 종합적인 자산 설계에 대한 상담과 실행을 지원하는 업무를 수행하는 금융전문가.

(5) 신용위험분석사(CRM, Credit Risk Analyst)

* 시행 기관: 한국금융연수원
* 분류: 국가공인
* 시험 시기: 연 1회
* 시험 방법: 1, 2차
* 시험 소개: 금융회사 및 기업신용평가 기관 등에서 개인과 기업에 대한 신용 상태를 조사·평가하고 신용 위험을 측정·관리하는 여신전문가.

(6) 외환전문역(CFES, Certified Foreign Exchange Specialist)

* 시행 기관: 한국금융연수원
* 분류: 국가공인
* 시험 시기: 연 3회
* 시험 방법: 필기(객관식)
* 시험 소개:
  • 국가공인 외환전문역 I종 — 금융기관의 외환 업무 중 외국환 법규 및 외환거래 실무를 이해하고 고객의 외화 자산에 노출되는 각종 외환 리스크를 최소화시키는 등 주로 개인 외환과 관련된 직무를 담당.

• 국가공인 외환전문역 II종 ― 금융기관의 외환 업무 중 수출입 업무 및 이와 관련된 국제무역 규칙을 이해하고 외환과 관련된 여신 업무를 수행하는 등 주로 기업 외환과 관련된 직무를 담당한다.

(7) 은행텔러(CBT, Certified Bank Teller)
* 시행 기관: 한국금융연수원
* 분류: 민간자격
* 시험 시기: 연 3회
* 시험 방법: 필기(객관식)
* 시험 소개: 창구에서 일어나는 제반 업무에 대해 신속하고 친절한 업무수행과 정확한 업무 처리로 고객에게 도움을 주고 상담을 통해 문제 해결을 하도록 도와주는 금융전문가.

2) 보험 관련 금융 자격

보험 관련 금융 자격 중에서 주요 자격인 보험계리사, 보험심사역, 보험중개사, 손해사정사, 종합자산관리사에 대하여 알아본다. 특별히 보험계리사, 보험중개사, 손해사정사는 개업이 가능한 자격이다.

(1) 보험계리사(Actuary)
* 시행 기관: 보험개발원
* 분류 국가전문자격(보험)
* 시험 시기: 연 1회
* 시험 방법: 1차, 2차, 실무수습
* 시험 방법: 보험은 대수의 법칙과 수지상등의 원칙 등 보험수리적 원리에 기초하여 성립된 제도로서, 이러한 보험수리와 관련된 제반 업무를 수행하는 자가 보험계리사이며, 수행 업무는 다음과 같다.

○ 보험료 및 책임준비금 산출방법서의 작성에 관한 사항

○ 책임준비금·비상위험준비금 등 준비금의 적립과 준비금에 해당하는 자산의 적정성에 관한 사항

○ 잉여금의 배분·처리 및 보험계약자 배당금의 배분에 관한 사항

○ 지급여력비율 계산 중 보험료 및 책임준비금과 관련된 사항

○ 상품공시자료 중 기초서류와 관련된 사항

(2) 보험심사역(AIU, Associate Insurance Underwriter)

* 시행 기관: 보험연수원

* 분류: 민간자격(보험)

* 시험 시기: 연 2회

* 시험 분야: 공통부문, 전문부문

* 시험 소개: "보험심사역 자격"이라 함은 보험 분야를 기업보험, 개인보험으로 구분하여 2개 분야별 심사역(Underwriter) 자격을 부여하는 것을 말한다. 자격 명칭에서 보험사에서 보험심사(언더라이터) 업무를 담당하는 사람들만을 위한 자격시험이라는 오해가 있을 수 있는데, 미국의 CPCU(Chartered Property Casualty Underwriter)와 같은 취지의 자격시험으로 언더라이팅뿐만 아니라 보험법(계약법/업법), 약관, 보험상품, 손해사정, 리스크관리, 회계, 자산운용, 재무설계 등 손해보험 전 분야에 대한 이론 및 실무지식을 측정하기 위한 보험 연수원이 인증하여 부여하는 자격시험이다.

시험 대상이 손해보험 관련 업계에 근무하시는 사람들만 응시하실 수 있는 것으로 이해할 수도 있는데, 사실은 응시 자격에는 특별한 제한이 없다. 그러나 시험 과목이 주로 손해보험 위주로 되어 있기 때문에 신중히 판단하여서 응시하기 바란다(출처/보험연수원 FAQ).

(3) 보험중개사

* 시행 기관: 보험개발원

* 분류: 국가전문자격(보험)

* 시험 시기: 연 1회

* 시험 방법: 객관식 4지 선택형

* 시험 소개: 보험중개사는 보험회사를 위하여 보험 계약을 체결 또는 대리하는 보험설계사·보험대리점과 달리, 보험회사별로 상이한 보험 상품의 담보 내용 및 요율, 조건을 비교하여 보험계약자에게 정확한 보험상품 정보를 전달하고, 독립적으로 보험계약자와 보험회사 사이에서 보험계약 체결을 중개하거나 그에 부수하는 위험관리 자문 업무를 담당한다. 보험중개사는 생명보험중개사, 손해보험중개사, 제3보험중개사로 나누어진다.

(4) 손해사정사(Adjuster)

* 시행 기관: 보험개발원

* 분류: 국가전문자격(보험)

* 시험 시기: 연 1회

* 시험 방법: 1차, 2차

* 시험 소개: 보험사고 발생 시 손해액 및 보험금의 산정 업무를 전문적으로 수행하는 자로서 보험금 지급의 객관성과 공정성을 확보하여 보험계약자나 피해자의 권익을 침해하지 않도록 해주는 일, 즉 보험사고 발생 시 손해액 및 보험금을 객관적이고 공정하게 산정하는 자가 손해사정사이며, 수행하는 업무는 다음과 같다.

  ○ 손해발생 사실의 확인

  ○ 보험약관 및 관계법규 적용의 적정 여부 판단

  ○ 손해액 및 보험금의 사정

  ○ 손해사정 업무와 관련한 서류 작성, 제출 대행

  ○ 손해사정 업무 수행 관련 보험회사에 대한 의견 진술

(5) 종합자산관리사(IFP, Insurance Financial Planner)

 * 시행 기관: 보험연수원

 * 분류: 민간자격(보험)

 * 시험 시기: 연 1회

 * 시험 방법: 객관식

 * 시험 소개: IFP란 Insurance Financial Planner의 약자로서 종합자산관리사
   를 말한다. IFP는 고객의 재무상태 및 투자성향 등을 수집·분석하고 자산운용
   전략을 수립하여 상담에 응하거나 전반적인 재무 설계를 하여 그 실행을 돕는
   재무관리 전문가로서 생명보험협회에 등록된 자를 일컫는다.

3) 금융투자업(증권 등) 관련 금융 자격증

(1) 금융투자분석사(Certified Research Analyst)

 * 시행 기관: 금융투자협회

 * 분류: 민간자격(금융)

 * 시험 시기: 연 1회

 * 시험 방법: 객관식

 * 시험 소개: 금융투자회사(법 제22조에 따른 겸영금융투자업자는 제외)에서 조사
   분석 자료(금융투자 상품의 가치에 대한 주장이나 예측을 담고 있는 자료)를 작성
   하거나 이를 심사, 승인하는 업무를 수행하는 자.

(2) 재무위험관리사(Certified Financial Risk Manager)

 * 시행 기관: 금융투자협회

 * 분류: 민간자격(금융)

 * 시험 시기: 연 1회

 * 시험 방법: 객관식

 * 시험 소개: 금융투자회사에서 금융투자 상품 등의 운용과 관련된 재무 위험 등

을 일정한 방법에 의해 측정, 평가 및 통제하여 해당 회사의 해당 위험을 조직
적이고 체계적으로 통합하여 관리하는 업무를 수행하는 자.

(3) 펀드, 증권, 파생상품투자자문인력

* 시행 기관: 금융투자협회
* 분류: 민간자격(금융)
* 시험 시기: 연 2, 3회
* 시험 방법: 객관식
* 시험 소개: 펀드투자자문인력(Fund investment Solicitor), 증권투자권유자문
  인력(Certified Securities Investment Advisor), 파생상품투자권유자문인력
  (Certified Derivatives Investment Advisor) 시험이 있다.

4) 기타 금융 관련 자격

(1) 공인회계사(CPA, Certified Public Accountant)

* 시행 기관: 금융감독원
* 분류: 국가전문자격(회계)
* 시험 시기: 연 1회
* 시험 방법: 1차, 2차, 실무수습
* 시험 소개: 공인회계사는 기업회계의 감시자로서 기업의 건전한 경영을 유도하
  고 이해관계자를 보호하며, 세무대리인으로서 정부의 조세정책에 협력하고 납
  세자의 권익을 신장시키고, 경영자문가로서 기업의 가치를 증진시켜 지속가능
  한 발전을 돕는 전문가이다.
  ○ 회계감사(Audit & Assurance)
  ○ 세금서비스(Tax service)
  ○ 컨설팅(Consulting)
  ○ 온실가스 검증 및 지속가능보고 업무 등

(2) 매경TEST(TEST, MK Test of Economic & Strategic business Thinking)

 * 시행 기관: 매일경제신문사

 * 분류: 국가공인

 * 시험 시기: 연 8회 내외

 * 시험 방법: 객관식

 * 시험 소개: 매일경제신문이 만드는 비즈니스 사고력 테스트인 국가공인 매경
  TEST(MK Test of Economic & Strategic business Thinking)는 경제·경영 기초
  적인 개념과 지식은 물론, 응용력과 전략적인 사고력을 입체적으로 측정한다.

  ○ 경제·경영 기초 개념과 지식은 물론, 응용력과 전략적인 사고력을 입체적으
   로 측정한다.

  ○ 비즈니스 창의력과 현실감각을 갖춘 창의적인 인재 발굴 평가 시스템이다.

  ○ 경제·경영분야의 통합적인 이해력을 측정하는 국내 유일의 테스트이다.

  ○ 해외 유수 언론과 제휴를 통해 글로벌 경제토플로 진화한다.

(3) 한경 경제이해력 검증시험(TESAT, Test of Economic Sence And Thinking)

 * 시행 기관: 한국경제신문사

 * 분류: 국가공인(경제)

 * 시험 시기: 연 6회 내외

 * 시험 방법: 객관식

 * 시험 소개: 테샛은 복잡한 경제 현상을 얼마나 잘 이해할 수 있는가를 평가하는
  종합 경제 이해력 검증 시험이다. 국내 최정상 경제신문 '한국경제신문'이 처음
  으로 개발, 2010년 11월 정부로부터 '국가공인' 자격시험으로 인정받았다. 객
  관식 5지선다형으로 출제되고, 정기 시험은 2, 5, 8, 11월 연 4회 치른다.
  TESAT은 수험생들에게 시장 경제 원리를 이해하고 경제 마인드를 향상시킬
  수 있는 기회를 제공하며 문제를 풀면서 경제학 기초지식과 시사 경제 경영 상
  식이 늘도록 출제돼 교육적으로도 활용 가치가 뛰어나다. 또한 논리력과 사고
  력이 요구되거나 복잡한 경제 현상을 알기 쉬운 예시문으로 상황 설정을 함으

로써 문제의 흥미도 또한 높다.

(4) 외환관리사(Foreign Exchange Manager)

* 시행 기관: 한국무역협회
* 분류: 민간자격(금융)
* 시험 방법: 자체평가
* 시험 소개: 외환관리사는 기업의 환위험관리 및 파생금융상품 실무전문가 양성을 위한 한국무역협회 무역아카데미가 1999년부터 시행해 온 자격시험이다. 외환관리사 자격 취득과정(54시간) 수강이 필수적으로 요구되며, 이후 각 수강 과목별 평가시험을 최종 합격한 사람에게 자격증이 수여된다.

(5) 재무설계사(AFPK, Associate Financial Planner Korea)

* 시행 기관: 한국FPSH
* 분류: 민간자격(재무)
* 시험 시기: 연 3회
* 시험 방법: 교육 연수 후 시험
* 시험 소개: AFPK 인증자는 재무설계 업무에 관한 서비스를 제공할 수 있는 전문성과 고객의 이익을 우선으로 하는 윤리성을 지닌 전문가이다. AFPK 인증을 받기 위해선 국내에 거주하는 자로서 한국FPSB가 지정한 교육과정을 이수하여 자격시험에 합격하고, 고객의 이익을 최우선으로 한다는 FPSB의 업무기준 규정, 윤리규정 및 기타 사항을 준수하겠다는 윤리서약을 해야 한다.

  AFPK는 한국FPSB에서 실시하는 재무설계 업무에 관한 전문 서비스를 제공할 수 있는 전문 자격증으로 CFP자격을 획득하기 이전에 취득해야 하는 개인 재무설계 업무에 대한 전문 자격증이다. AFPK 자격시험에 응시하기 위해서는 한국FPSB에 지정된 교육기관에서 AFPK 교육과정을 수료하여야 한다.

금융서비스업의 주요 국내 자격

구 분		자격의 종류	주 관 기 관
국가자격		공인회계사	금융감독원
		보험계리사	
		보험중개사	
		손해사정사	
		세무사	국세청
민간자격	국가공인	국제금융역	한국금융연수원
		신용분석사	
		신용위험분석사(CRA)	
		자산관리사(FP)	
		여신심사역	
		외환전문역 1종, 2종	
		신용관리사	신용정보협회
		재무설계사	한국 FPSB
		경제이해력 검증시험(TESAT)	한국경제신문사
		비즈니스 사고력 테스트(TEST)	매일경제신문사
	비공인	은행텔러	한국금융연수원
		영업점 컴플라이언스 오피서	
		중소기업금융상담사(SME-FA)	
		금융투자분석사	투자금융협회
		재무위험관리사	
		증권투자자문인력	
		투자자산운용사	
		파생상품자문인력	
		펀드투자자문인력	
		퇴직연금제도 모집인 검정시험	
		보험대리점	보험연수원
		보험심사역	
		종합자산관리사(IFP)	
		외환관리사	한국무역협회

V. 금융학과 졸업 후 진로는?

1. 금융 산업

금융학과를 졸업하였다고 100% 금융 관련 업종에 취업할 수는 없지만 대학에서 배운 전공을 최대한 활용하는 것이 가장 바람직한 진로라 하겠다. 금융학과 졸업생들이 가장 선호하는 구직 업종이 금융 산업 분야이다. 한국고용정보원에서 발간한 '2015 한국직업전망'에는 향후 10년에 대한 고용을 증가, 다소 증가, 유지, 다소 감소, 감소로 나누어 구분하였는데, 금융 업종 중 회계사, 보험 및 금융상품 개발자, 손해사정사는 다소 증가로, 금융 및 보험 관련 사무원, 보험 관련 영업원, 자산운용가, 투자 및 신용분석가는 유지로, 증권 및 외환딜러는 다소 감소로 전망하였다.

2014년 12월을 기준으로 금융기관 임직원은 291,273명이며 은행 135,474명 보험 61,158명(생명보험 28,111명, 손해보험 33,047명), 증권 36,561명, 여신전문금융회사(신용카드사 포함) 27,083명으로 집계되었다.

금융 산업 인력에 관한 정보는 금융협회, 연수기관, 대학원, 금융회사 등 회원기관을 대상으로 네트워크를 구축하여 금융교육 및 금융인력 정보를 제공하고 금융인력 양성에 관한 중장기 전략을 마련하고자 설립된 금융인력네트워크센터 (http://www.fnet.or.kr)를 참고하기 바란다.

1) 금융협회 및 유관기관

○ 금융협회
• 한국보험대리점협회 • 전국은행연합회 • Koscom • 손해보험협회 • 한국화재보험협회 • 여신금융협회 • 한국금융투자협회 • 상호저축은행중앙회 • 기술보증기금 • 새마을금고중앙회 • 한국보험중개사협회 • 생명보험협회 • 신용정보협회 • 전국투자자교육협의회 • 신용협동조합중앙회 • 산림조합중앙회

○ 유관기관
• 한국은행 • Koscom • 한국증권금융 • 기술보증기금 • 신용보증기금 • 보험개발원 • 신용회복위원회

2) 금융기관

○ 은행
• 시중은행 • 지방은행 • 특수은행 • 외국은행지점

○ 비은행예금취급기관
• 저축은행 • 신용협동기구(신용협동조합/새마을금고/상호금융) • 우체국예금 • 종합금융회사

○ 금융투자업자
• 투자매매중개업자(증권회사 /선물회사) • 집합투자업자 • 투자일임자문업자 • 신탁업자

○ 보험회사
• 생명보험회사 • 손해보험회사(손해보험회사, 재보험회사, 보증보험회사) • 우체국보험 • 공제기관(농협공제, 새마을공제, 수협공제, 신협공제)

○ 기타금융기관
• 금융지주회사 • 여신전문금융회사(리스회사/카드회사/할부금융회사/신기술사업금융회사) • 벤처캐피털회사 • 증권금융회사 • 한국무역보험공사 • 한국주택금융공사 • 한국자산관리공사 • 한국투자공사 • 한국정책금융공사

○ 금융보조기관

• 금융감독원 • 예금보험공사 • 금융결제원 • 한국예탁결제원 • 한국거래소 •
신용보증기관 • 신용정보회사 • 자금중개회사

(이상 자료 출처/금융감독원, 한국은행)

2. 공무원

공무원은 첫째, 공개채용의 경우 학력, 연령, 성별 제한 없이 응시 가능한 진
입의 공정성, 둘째, 기본적인 보수와 퇴직 후 연금 보장 등의 안정된 생활 보장, 셋
째, 외국어 능력 보유 시 유학 기회 부여, 넷째, 공평한 승진 기회와 근무 조건, 다
섯째, 창의적 개념의 구체적 실현 가능성, 여섯째, 각종 복지 혜택 등의 특장점으
로 인해 안정적 직업을 희망하는 구직자들에게 인기를 더해 가고 있다.

공무원은 국가의 공복이며 기본 역할은 주권을 가진 국민으로부터 권한을 위
임받아 국민을 위해 공익을 추구하는 역할이다. 금융학과 출신의 경우 5급 행정직
중 일반행정직은 물론 재경직 직류가 적합하며, 7급 행정직의 경우 일반행정직,
세무직, 통계직, 감사직이, 9급 행정직의 경우 일반행정직, 재경직, 감사직, 통계
직이 전공과 연관성이 가장 밀접하다. 또한 입법부(국회)의 경우 일반행정직과 재
경직공무원이 금융학과 출신이 진출하기에 적합한 직종이다.

공무원 채용 정보는 다음 웹사이트를 확인하기 바란다.

사이버국가고시센터 http://www.gosi.go.kr/
인사혁신처 나라일터 http://www.gojobs.go.kr/
지방직 공무원 http://www.local.gosi.go.kr

3. 해외 진출

국제화 시대에 우리나라의 세계적 위상과 경제규모를 보면 젊은 인재들의 해

외 진출은 확대되어야 하며, 특별히 금융학과 출신의 국제금융기구와 세계 유수의 금융회사 진출은 더욱 증가할 전망이다.

기획재정부는 국제금융기구 진출의 확대를 위하여 국제금융기구 채용정보 사이트를 운영하고 있다. 채용정보 제공 국제금융기구로는 세계은행(WB, World Bank), 국제통화기금(IMF, International Monetary Fund), 아시아개발은행(ADB, Asian Development Bank), 미주개발은행(IDB, Inter-American Development Bank), 아프리카개발은행(AfDB, African Development Bank Group), 유럽부흥개발은행(EBRD, European Bank for Reconstruction and Development), 경제협력개발기구(OECD, Organization for Economic Cooperation and Development), 녹색기후기금(GCF, Green Climate Fund) 등이 있다.

기획재정부에서 2009년부터 주최하는 국제금융기구 채용설명회와 외교부에서 2008년부터 매년 진행하는 국제기구 진출설명회의 참관과 활용도 국제금융기구 진출을 희망하는 금융학도들에게 매우 유익하다.

국제기구 채용정보는 다음 웹사이트를 참고하기 바란다.

국제금융기구 채용정보 http://ifi.mosf.go.kr/
외교부 국제기구 인사센터 http://www.unrecruit.mofa.go.kr/
외교부 청소년 홈페이지 http://mofa.go.kr/new_young
한국국제협력단 http://www.koica.go.kr/

4. 진학

대학 졸업 후 해외 유명 대학 대학원에 유학 석, 박사 학위를 취득하거나 국내 대학 일반대학원 또는 경영전문대학원(MBA)이나 특수대학원에 입학하여 금융 경제 경영 재무 회계 관련 전공의 학위를 취득할 수 있다. 그중에서 우리나라 최고의 한국과학기술원(KAIST) 금융전문대학원에 대해 알아보기로 한다. (다음의 학과 소개와 프로그램 등의 내용은 한국과학기술원 KAIST 금융전문대학원 홈페이지에 나온 것을 발췌하여 실었다.)

1) 한국과학기술원(KAIST) 금융전문대학원

(1) 왜 한국과학기술원 금융전문대학원인가?
① 1996년: 금융공학 MBA 개설
② 2006년: 금융전문대학원 개원
③ 2013년: 금융MBA /금융공학 석사 분리
④ 2015년: 금융 EMBA 개설
　　고도의 전문화 & 인증된 교육과정
　　즉시 투입 가능 현장 교육 과정
　　국제화된 교육환경
　　KAIST 금융인 네트워크

(2) 소개
　　2006년 2월 개원한 KAIST 금융전문대학원은 국내 최초이자 유일의 순수 금융 중심 대학원이다. KAIST금융전문대학원은 우리나라 최초로 금융공학 교육 프로그램을 도입하여 지난 10여 년 동안 우리나라 금융계를 이끌어 나가는 전문인력을 양성해왔다. 금융 인재 배출 및 교과과정의 우수성을 인정받아 2005년 재정경제부가 공시한 금융전문대학원 개설지원사업에 선정되었고, 금융공학 MBA를 확대 개편하여 2006년 금융전문대학원을 발족하게 되었다.

　　KAIST 금융전문대학원은 교육과 연구, 대학과 기업의 연계를 통한 새로운 첨단 금융지식을 창출하고 있다. 맥쿼리 그룹, 산업은행, 로이터 코리아와는 산학협력 체결을 통해 우수한 연구의 토대를 구축하고 있고, 해외 명문대학과 교류하여 세계 속의 대학으로 자리 잡고 있다. 특히 Rochester University, City University of London 등과의 복수학위 체결을 통해 글로벌 최고 수준의 금융전문대학원으로 도약하고 있다.

(3) 프로그램

① 금융MBA(FMBA)

투자금융과 자산운용에 특화된 인재 양성을 위한 2년 전일제 MBA 과정. 금융MBA는 금융 산업을 선도할 국제경쟁력을 갖춘 인재 양성을 목표로 하는 2년 전일제 과정이다. 투자금융과 자산운용 분야를 중심으로 회계, 금융기관경영, 금융정책 등을 포함하여 금융 전문지식 습득과 함께 거시적인 통찰력을 균형 있게 함양하도록 설계되었다. 필수로 지정된 금융 프로그래밍, 금융 데이터베이스 등의 교과목을 통해 데이터 분석능력을 강화하고 사례연구 및 실습을 수행하며, 금융이론의 현업 적용을 도모한다. 졸업생은 주로 IB, 기업금융, 자산운용, 파생 및 구조화 상품 판매, 애널리스트 분야로 진출한다. 대다수 교과목 강의가 영어로 진행되며, 2학년 1학기에 해외연수 과정에 필수적으로 참가한다는 것이 특징이다.

② 금융공학석사(MFE)

금융공학, 계량적 자산운용(Quant)에 특화된 2년 전일제 석사과정. 금융공학석사과정(Master of Financial Engineering)은 연구능력을 갖춘 국제적 금융공학 현장 전문인력을 양성한다. 2년 동안 계량적 자산운용(퀀트 투자), 채권, 파생상품 및 리스크 매니지먼트 관련 교과목을 중심으로 총 54학점을 이수하게 되는데, 수학 및 계량적 학문의 배경지식이 있거나 금융공학/Quant 분야 전문가가 되기 위해 수리/계량에 집중된 교육을 희망하는 경우에 적합한 과정으로 Quantitative Asset Management, 파생상품 개발, 위험관리 등의 분야로 진출한다.

③ Finance EMBA

금융전문 CEO/임원, 중견관리자를 위한 22개월 주말 MBA 과정. 그동안 쌓아온 Executive MBA 교육의 명성과 노하우를 집약해 금융전문경영자를 위한 Finance EMBA를 개설하였다. 국내 최초로 CEO 및 임원, 중견관리자를 대상으로 하는 금융 교육과정으로 금융기업 · 정부와의 연계를 통한 실무적용 극대화에 초점을 맞추고 있다.

5. 개업

개업이나 창업으로 성공하고 경제적 자유로움을 추구하는 현실은 누구에게나 평생의 꿈일 수 있다. 금융 산업이 발전하면서 금융업에서도 여러 가지 개업이나 창업 업종이 새로운 시장의 트렌드로 자리 잡을 전망이다. 일단 첨단 신기술을 활용하는 새로운 사업 영역이나 금융 벤처기업을 예외로 한다면, 현실적으로 보험산업을 예로 들면 보험계리사, 손해사정인, 보험중개인 자격 취득 후 연수 과정을 마치거나 또는 보험대리점은 교육과정 수료 후 해당 시험에 합격하면 개업의 문호는 열려 있다. 그러나 특별한 경우를 제외하고, 업계 환경과 제반 여건의 성숙도를 감안하면 취업 후 충분한 실무 경험과 인적 네트워크를 쌓은 다음 개업을 목표로 하는 것이 바람직하다고 본다.

소득 및 부의 증가, 시장개방 및 글로벌화, 고령화와 저출산 현상, 금융환경의 변화, 소비자 선호의 변화로 인한 투자자문 시장의 확대, 인터넷전문은행의 허가, 알리페이, 애플페이 등 디지털페이의 활성화, 핀테크 산업의 등장, 보험 슈퍼마켓 제도의 도입, 개인 재무설계(Personal Financial Planning) 분야가 성숙, 발전하게 되면 금융 생태계의 변화에 따라 금융학과 출신의 개업과 창업 기회가 확대되리라 전망된다.

『미래를 함께할 새로운 직업』(한국고용정보원 2015.12.31. 발행)을 보면 금융 관련 미래형 직업으로 대체투자전문가와 개인 간(P2P) 대출전문가를 꼽고 있다.

대체투자전문가는 주로 기관투자자에 고용되어 대체 투자 자산의 발굴, 수익분석, 위험분석 등을 통해 합리적 투자계획을 수립하고 최적 수익을 확보하는 일을 한다.

개인 간(P2P) 대출전문가는 대출을 필요로 하는 개인의 재산 상황이나 신용등급 매출 등을 분석하여 대출 가능한 금액과 금리를 설정하고 대출을 원하는 사람과 개인투자자를 중개한다.

『잡아라 미래 직업』(곽동훈 외 지음/ 스타리치북스 출판)을 보면 미래 금융 관련 유망 직업으로 데이터 보험계리사, 핀테크 전문가, 공유재산 가치분석가를 추천하고 있다.

데이터 보험계리사는 데이터 보안 위험과 수많은 변수들을 분석해 구체적인 데이터 오남용과 도용 사례에 대응하는 다양한 보험 상품들을 만든다.

핀테크 전문가는 빅데이터, 눈, 생체인식기술 등을 활용해 편리하고 다양한 금융서비스를 제공하고 개인 혹은 기업의 신용 및 미래가치를 평가한다. 간편한 지불 수단을 개발하거나 결제부터 자산관리, 투자, 보험까지 가능한 '손안의 은행'을 만드는 것이다. 앞으로 핀테크 전문가는 새로운 기술 변화와 고객의 요구에 주목하여 편리하고 유용한 금융 서비스와 생태계를 제공할 것이다.

공유자산 가치분석사의 역할은 공유할 수 있는 자산이 되는 서비스와 집, 자동차 등 다양한 유·무형 공유자산의 경제적, 사회적 가치를 분석하고 합리적인 가격과 사업적 기회를 제시해 고유자와 소비자의 만족을 높이는 것이다. 또한 공유경제 시스템에서 비롯된 사회적, 경제적 문제를 해결하는 방법을 제시할 것이다.

PART 4

금융학과 주요 전형

$ ¢ £ ¤ ¥ ₿ ₠ ₵ ₣ ₤ ₥ ₦ Pts Rs ₩ ₪ ₫ € ₭ ₮ ₯ ₰ ₱
Money Won Dollar Yen Pound Euro Yuan Dong Rupee
Rupiah Lira Peso Kina Krona Rouble Franc Kyat Tugrit
Newkip 1 2 3 4 5 6 7 8 9 10 Finance Bank Insurance
Stock Fund Robo-Advisor

PART 4

※ 금융학과 학생부종합전형 인재상

● 국민대학교 파이낸스보험경영학과
비즈니스마인드, 글로벌 역량, 창의적 사고, 문제 해결력을 바탕으로 금융전문가 또는 전문경영자로 발전가능성이 높은 학생

● 아주대학교 금융공학과
금융 제반의 이론과 현상에 관한 이해와 창의적 사고 및 수리적 분석 능력을 두루 갖추어 국제금융시장의 엘리트 및 리더로 성장할 수 있는 인재

● 인하대학교 글로벌금융학과
미래에 도전할 수 있는 창조적인 마인드와 실패에도 좌절하지 않는 도전정신을 소유한 자

I. 수시전형

1. 학생부교과전형

■ 금융학과가 개설된 대학들의 학생부교과전형은 대다수의 대학이 학생부교과로 100% 선발한다. 가톨릭관동대는 출결을 점수에 반영하며, 경성대, 계명대, 국민대, 광주대, 상명대는 선택교과면접전형으로, 숭실대, 인하대, 한림대는 면접 점수를 반영한다.

■ 수능최저학력기준이 적용하는 경우 수능최저학력기준의 충족이 당락의 결정적 요인이다.

■ 학생부교과전형의 경우 반영교과, 반영 비율 등 반영 요소를 정확하게 파악하여 자신에게 유리한 대학을 선별 지원한다.

■ 금융학과가 개설된 주요 대학 학생부교과전형의 리스트는 아래 표와 같다. 수시전형 중에서 정원 내 인원을 중심으로 작성하였다.

■ 수시전형 원서접수 전에 지원 대학 입학 홈페이지 신입생 모집요강을 반드시 확인하기 바란다.

〈표 1〉 2017학년도 금융학과 주요 대학 수시 학생부교과전형

대학	학과(전공)	전형명	모집 인원	전형요소
가천대	금융 수학과	학생부우수자	7	학생부 100% (수능최저적용)
		적성우수자	11	학생부 60% + 적성고사 40%
		가천바람개비	4	학생부 70% + 서류 30%
가톨릭 관동대	경제금융 학과	교과우수자	21	교과 900 + 출결 100
		학업우수자	7	
건양대	금융 학과	일반학생 A	12	학생부교과 100%
		지역인재 A	4	
경남대	경제금융 학과	일반계고교	22	교과 90% + 출결 10%
		교과우수자	10	교과 100%
		일반학생	4	교과 90% + 출결 10%
		사회배려자	2	교과 90% + 출결 10%

대학	학과(전공)	전형명	모집인원	전형요소
계명대	경제금융학 전공	교과	7	1단계: 교과 100 2단계: 1단계 성적 70 + 면접 30
		지역인재 A	7	
국민대	파이낸스보험 경영	교과성적 우수자	5	1단계: 학생부교과 100% 2단계: 1단계 성적70+면접30
광주대	부동산 금융학과	일반학생	26	교과 · 출결78.3(800점) + 면접21.7(200점)
		평생학습	2	교과 · 출결78.3(800점) + 면접21.7(200점)
극동대	금융자산관리 학과	일반학생	32	학생부 60% + 면접 40%
나사렛	국제금융 부동산학과	일반학생	27	학생부 90% + 면접 10%
대구대	금융보험학과	학생부교과	14	1단계: 학생부 100 2단계: 1단계50+면접50
		학생부면접	17	학생부 70 + 면접 30
동아대	금융학과	교과성적 우수자	31	교과 100. 수능0.
동의대	경제 · 금융보험	일반계고교	52	학생부 교과 100
목원대	금융보험 부동산학과	일반	27	학생부 80 + 면접 20
		지역인재	6	학생부 80 + 면접 20
목포대	금융보험 학과	학생부교과	15	교과성적 900 + 출석 100
상명대	경제금융학부	학생부교과우수자	12	학생부 교과 100
		선택교과면접	12	1단계: 교과 100 2단계: 1단계 50 + 면접고사 50
상명대 (천안)	글로벌금융 경영학과	일반전형	29	학생부교과 100
		지역인재	2	학생부교과 100
		고른기회	3	학생부교과 100
서경대	금융정보 공학과	일반학생①	8	학생부 60 + 적성고사 40
		농어촌학생	2	학생부 60 + 적성고사 40
		교과성적 우수자	8	학생부 100
		사회기여자	1	학생부 100
서원대	금융보험학과	일반학생	20	교과 100%
		인문계고	15	교과 100%

대학	학과(전공)	전형명	모집인원	전형요소
순천향대	경제금융학과	일반학생(교과)	17	학생부교과 100
		일반학생(면접)	7	1단계: 교과 100 2단계: 교과 70 + 면접 30
	IT금융경영학과	일반학생(교과)	17	학생부 교과 100
		일반학생(면접)	7	1단계: 교과100 2단계: 교과 70 + 면접 30
숭실대	금융학부	학생부우수자	10	1단계: 교과 100, 2단계: 교과 70 + 학종평 30
		논술우수자	8	논술50 + 학생부교과 성적 40
	정보통계 · 보험수리	학생부우수자	10	1단계: 교과 100, 2단계: 교과 70 + 학종평 30
		논술우수자	8	논술 60 + 학생부교과성적 40
아주대	금융 공학과	논술우수자	5	교과 40, 논술 60 (수리논술 실시)
영남대	경제금융학부	일반학생	44	학생생활기록부 성적 100
		면접	5	1단계: 학생생활기록부성적 100 2단계: 학생부 60 + 면접고사 성적 40
인하대	글로벌금융 (인문)	학생부교과	2	1단계: 학생부교과 100 2단계: 1단계 + 면접 30
		논술우수자	6	논술 70 + 학생부교과 30
	글로벌금융 (자연)	학생부교과	2	1단계: 학생부교과 100 2단계: 1단계 + 면접 30
		논술우수자	6	논술 70 + 학생부교과 30
한국외대 (글로벌)	국제금융학과	학생부교과	7	학생부교과 100
		논술	3	논술 70% + 학생부교과 30%
한신대	수리금융학과	학생부교과 우수자	10	학생부교과 100
		일반학생 (전공적성)	7	학생부교과 60 + 전공적성 40
		사회배려자	2	학생부교과 100
한양대	경제금융학부	학생부교과	18	1단계 학생부교과 100, 2단계 면접 100
	파이낸스경영학부	학생부교과	5	1단계 학생부교과 100, 2단계 면접 100
한양대 (에리카)	보험계리학과	학생부교과	7	학생부교과 100

2. 학생부종합전형

■ 금융학과 학생부종합전형은 학생부 교과는 물론 비교과 자기소개서, 추천서 등을 전형 요소로 종합적으로 활용한다. 따라서 학생부교과는 물론 비교과를 꾸준하게 준비한 학생에게 유리하다.

■ 금융학과 학생부종합전형은 수도권 소재 대학에서 많은 인원을 모집한다. 또한 대부분 대학에서 수능최저학력기준을 적용하지 않는다.

■ 금융학과 학생부종합전형은 단계별 전형으로 1단계 서류전형(배수 선발), 2단계 1단계 점수+면접 실시하여 선발한다. 단, 가천대 가천바람개비, 국민대 국민지역인재, 성균관대 성균인재, 인하대 고른인재, 중앙대 탐구형인재, 한신대 참인재, 한양대 일반전형, 한양대(에리카) 학생부종합전형 등은 일괄합산 전형을 실시한다.

■ 금융학과가 개설된 주요 대학 학생부종합전형의 리스트는 아래 표와 같다. 수시전형 중에서 정원 내 인원을 중심으로 작성하였다.

■ 수시전형 원서접수 전에 지원 대학 입학 홈페이지 신입생 모집요강을 반드시 확인하시기 바란다.

〈표 2〉 2017학년도 금융학과 주요 대학 수시 학생부종합전형

대학	학과(전공)	전형명	모집인원	전형요소
가천대	금융수학과	가천 프런티어	6	1단계 서류100, 2단계: 1단계 50 + 면접 50
가톨릭 관동대	경제금융학과	강원인재	3	1단계: 교과 300 + 비교과 700 2단계: 1단계 700 + 심층면접 300
		CKU꿈&끼	3	학생부 600 + 심층면접 400
건양대	금융학과	건양사람인	3	1단계: 교과비교과자소서 2단계: 1단계 60 + 면접 40
계명대	경제금융학전공	학교생활 충실자	8	서류 100
		잠재능력 우수자	8	1단계: 서류 100, 2단계: 1단계 70 + 면접 30
		고른기회	2	

대학	학과(전공)	전형명	모집 인원	전형요소
국민대	파이낸스 보험경영학	국민프런티어	12	1단계: 서류평가 100, 2단계: 1단계 성적 60 + 면접 40
		학교생활 우수자	5	서류평가 40 + 학생부교과 60
		국민지역인재	4	서류평가 40 + 학생부교과 60
		국가보훈 대상자	2	1단계: 서류평가 100, 2단계: 1단계 성적 60 + 면접 40
극동대	금융자산 관리학과	지역특성화 인재	3	1단계: 서류평가 100, 2단계: 1단계 성적 60 + 면접 40
나사렛대	국제금융 부동산학과	장애인전형	3	면접고사 100
대구대	금융보험학과	DU인재	4	학생부종합평가 100
		고른기회		
동아대	금융학과	학교생활 우수자	12	1단계: 서류 100, 2단계: 서류 70 + 면접 30
		고른 기회	2	1단계: 서류 100, 2단계: 서류 70 + 면접 30
		농어촌학생	3	서류 100
		특성화고 출신자	1	서류 100
동의대	경제·금융보험 ·재무	학교생활 우수자	24	1단계: 서류 100, 2단계: 면접 30 + 1단계 70
	부동산학부			
목원대	금융보험 부동산학과	목원사랑인재	6	1단계: 교과 20 + 비교과 80, 2단계: 1단계 50 + 면접 50
목포대	금융보험학과	지역인재	6	1단계: 교과성적 240 + 비교과평가 360, 2단계: 1단계 성적 600 + 면접고사 400
		고른기회	2	
상명대	경제금융학부	상명인재전형	18	1단계: 서류평가 100 2단계: 서류평가 50 + 면접고사 50
순천향대	경제금융학과	학교생활 우수자	8	1단계: 서류평가 100 2단계: 확인면접 100
		지역인재 (종합)	7	
		기회균형	3	학생부종합(서류평가) 100
	IT금융·경영학과	학교생활 우수자	8	1단계: 서류평가 100 2단계: 확인면접 100
		지역인재 (종합)	7	
		기회균형	3	학생부종합(서류평가) 100

대학	학과(전공)	전형명	모집인원	전형요소
숭실대	금융학부	미래인재	12	1단계: 서류종합평가 100, 2단계: 1단계 60 + 면접 40
		고른기회1	3	
		고른기회2	1	
	정보통계 · 보험수리	미래인재	8	1단계: 서류종합평가 100, 2단계: 1단계 60 + 면접 40
		고른기회1	2	
		고른기회2	1	
아주대	금융공학과	과학우수인재 전형	15	서류평가 50 + 면접평가 50
영남대	경제금융학부	잠재능력 우수자	9	1단계: 학생부 50 + 서류전형 50 2단계: 1단계 30 + 30 + 면접 40
		사회기여 및 배려자	1	
인하대	글로벌금융학과	(인문) 학생부종합	8	1단계: 서류종합평가, 2단계: 1단계 + 면접평가
		(인문) 고른기회	3	서류종합평가
한국외대 (글로벌)	국제금융학과	학생부종합 (일반)	8	1단계: 서류평가 100, 2단계: 1단계 700 + 2단계 300
한신대	수리금융학과	참인재	12	1단계: 서류평가 100, 2단계: 1단계 50 + 면접 50
한양대	경제금융학과	일반 고른기회	47 5	일괄합산 학생부종합평가 100
	파이낸스 경영학과/인문	일반 고른기회	20 2	일괄합산 학생부종합평가 100
한양대 (에리카)	보험계리학과	학생부종합 (일반)	6	학생부종합100
협성대	금융 · 세무학과	미래역량 우수자	16	1단계: 학생부 100, 2단계: 학생부 60 + 면접 40
		사회배려자	2	학생부 100

3. 논술전형

■ 금융학과 논술전형의 핵심은 수능최저학력기준의 충족 여부이다. 한양대 경제금융학과와 파이낸스경영학과는 수능최저학력기준을 적용하지 않는다.

■ 금융학과 논술전형의 경우 대다수의 대학이 논술＋학생부로 전형요소를 구성하고 있으나 학생부 실질 반영률이 매우 낮다.

■ 2017학년도 금융학과 논술전형은 숭실대 금융학부 정보통계보험수리학과, 아주대 금융공학과, 인하대 글로벌금융학과, 중앙대 글로벌금융학과, 한국외대(글로벌) 국제금융학과, 한양대 경제금융학과 파이낸스경영학과 등 6개 대학 8개 학과에서 실시한다.

■ 금융학과가 개설된 주요 대학 논술전형의 리스트는 아래 표와 같다. 수시전형 중에서 정원 내 인원을 중심으로 작성하였다.

■ 수시전형 원서접수 전에 지원 대학 입학 홈페이지 신입생 모집요강을 반드시 확인하기 바란다.

〈표 3〉 2017학년도 금융학과 논술전형 실시대학(수능 최저)

	대학 및 학과	수능 최저	비고
1	숭실대 금융학부	2개 합 5	
2	숭실대 정보통계 · 보험수리학과	2개 합 6	
3	아주대 금융공학과	인문: 2개 합 6(영어 3 이내), 자연: 수, 영 합 5 이내	
4	인하대 글로벌금융학과(탐구 1)	인문 2개 합5, 자연 1개 2등급	
5	중앙대 글로벌금융학과	인문: 3개 합 6, 자연: (과탐 1과목) 2개 합 4	수학 가형 또는 과탐 필수
6	한국외대(글로벌) 국제금융학과	2개 합 6	
7	한양대 경제금융학과	수능 최저 없음	
8	한양대 파이낸스경영학과	수능 최저 없음	

※ 반영 비율

숭실대, 아주대, 중앙대, 한양대: 논술 60%, 학생부 40%

인하대, 한국외대: 논술 70%, 학생부 30%

4. 적성전형

■ 2017학년도 금융학과 적성전형은 가천대, 서경대, 수원대, 한신대, 홍익대(세종) 등 5개 대학, 5개 학과에서 실시하며, 자세한 사항은 아래 표를 참고하기 바란다.

■ 전형 방법은 학생부와 적성시험의 명목 반영 비율이며 주목할 점은 서경대 금융정보공학과와 한신대 수리금융학과는 자연계열로 모집한다.

■ 수원대는 경제금융학과는 경제학부로 모집하며, 단계별 전형으로 1단계 학생부교과로 20배수를 선발하고 2단계로 학생부 58.8% 적성 41.2%으로 최종 선발한다. 홍익대(세종캠퍼스)는 금융보험전공은 적성전형 유일하게 수능 최저등급을 적용하며 2개 평균 4등급이다.

■ 주의할 사항은 홍익대(세종) 상경학부 금융보험전공은 학부로 모집하여 대학별로 1, 2학년 수료한 다음 전공을 선택한다.

■ 수시전형 원서접수 전에 지원 대학 입학 홈페이지 신입생 모집 요강을 반드시 확인하기 바란다.

〈표 4〉 2017학년도 금융학과 적성전형

대학명	학과 / 전공	전형 명칭	인원		전형 방법		계열	수능 최저
			입학	모집	학생부	적성		
가천대	금융수학과	학생부적성 우수자	40	11	60	40	인문	X
서경대	금융정보공학과	일반학생①	40	8	60	40	자연	X
수원대	경제금융학과	일반전형(적성)	50	22	58.8	41.2	인문	X
한신대	수리금융학과	일반학생 (전공적성)	41	7	60	40	자연	X
홍익대 (세종)	금융보험전공	학생부 적성	255	52	55	45	인문	O

5. 농어촌전형

　　주요 대학 금융학과의 농어촌전형을 정리하였다(괄호 안은 정원내인지 정원 외인지와 전형 방법 인원을 표기하였다). 대학의 구조조정 등으로 모집 인원이 조정될 수 있으므로 원서접수 전 대학 입학처 홈페이지를 최종 확인 바란다.

◆ 건양대 금융학과(정원 외 학생부종합 2)

◆ 경남대 경제금융학과(정원 외 학생부교과 1)

◆ 경남대 경영학부 금융보험학전공(정원 외 학생부교과 7)

◆ 경성대 경제금융물류학부(정원 외 4)

◆ 계명대 경제금융학전공(정원 외 학생부종합 3)

◆ 나사렛대 국제금융부동산학과(정원 외 4명 이내)

◆ 대구가톨릭대 경제통상학부(정원 외 학생부교과 3)

◆ 대구대 금융보험학과(특별전형 3)

◆ 동아대 금융학과(학생부종합 3)

◆ 동의대 경제·금융보험·재무부동산학부(정원 외 6)

◆ 상명대(천안) 글로벌금융경영학과(정원 외 학생부교과 2)

◆ 서경대 금융정보공학과(학생부 2)

◆ 서원대 금융보험학과(정원 외 학생부교과 4이내)

◆ 수원대 경제학부 경제금융전공(정원 외 학생부교과 4)

◆ 숭실대 정보통계·보험수리학과(정원 외 정시 다군 3)

◆ 영남대 경제금융학과(정원 외 학생부교과 5)

◆ 인제대 국제경상학부 경제금융(수시 고른기회 농어촌학생 3)

◆ 중앙대 글로벌금융학과(계열모집 8)

◆ 창원대 글로벌비지니스학부 금융보험학트랙(정원 외 계열모집 5)

◆ 한국외대(글로벌) 국제금융학과(정시 다군 3이내)

◆ 한림대 재무금융학과(학생부종합 2)

- ◆ 한림대 금융정보통계학과(학생부종합 2)
- ◆ 한양대 경제금융학부(고른기회 5)
- ◆ 한양대 파이낸스경영학과/상경(고른기회 2)

6. 특성화고전형(동일계)

주요 대학 금융학과의 특성화고전형(동일계)을 정리하였다. 괄호 안은 정원내 인지 정원 외인지와 전형 방법 인원을 표기하였음. 대학의 구조조정 등으로 인원이 조정될 수 있으므로 원서접수 전 대학 입학처 홈페이지를 최종 확인 바란다.

- ◆ 건양대 금융학과(정원 외 학생부종합 2)
- ◆ 경남대 경제금융학과(정원 외 학생부교과 1)
- ◆ 경남대 경영학부 금융보험학전공(정원 외 학생부교과 4)
- ◆ 경성대 경제금융물류학부(정원 외 3)
- ◆ 계명대 경제금융학전공(정원 외 학생부종합 2)
- ◆ 나사렛대 국제금융부동산학과(정원 외 4명 이내)
- ◆ 대구가톨릭대 경제통상학부(정원 외 학생부교과 3)
- ◆ 동아대 금융학과(학생부종합 1)
- ◆ 동의대 경제·금융보험·재무부동산학부(정원 외 2)
- ◆ 상명대(천안) 글로벌금융경영학과(정원 외 학생부교과 2)
- ◆ 서경대 금융정보공학과(정시 1)
- ◆ 서원대 금융보험학과(정원 외 학생부교과 4이내)
- ◆ 수원대 경제학부 경제금융전공(정원 외 학생부교과 3)
- ◆ 순천향대 경제금융학과, IT금융경영학과(정원 외 학생부종합 6)
- ◆ 영남대 경제금융학과(정원 외 학생부교과 2)
- ◆ 인제대 국제경상학부 경제금융(수시 고른기회 1)
- ◆ 창원대 글로벌비지니스학부 금융보험학트랙(정원 외 계열모집 2)

◆ 한양대 경제금융학부(고른기회 5)

◆ 한양대 파이낸스경영학과/상경(고른기회 2)

II. 정시전형

정시는 수능 100%와 수능 + 학생부의 두 가지 전형과 가, 나, 다군의 세 번의 응시 기회가 있다. 정시 세 번은 안정, 소신, 상향을 효과적으로 지원해야 하며 한 번의 지원은 확실하게 합격할 수 있는 대학과 학과에 응시한다. 정시전형은 수능 성적이 절대적 요소이다. 따라서 교육과정평가원의 6, 9월 모의고사 성적을 기준으로 합격 가능 대학과 수능 반영영역 과목 그리고 반영 비율을 검토한다. 탐구영역의 반영이 한 과목인지 두 과목인지에 따라 전략적으로 접근한다. 최종적으로 수능 성적 통지 이후에 지원대학과 학과를 확정하고 응시한다.

1. 가, 나, 다 군별 전형

주요 대학 금융학과의 가, 나, 다군 별 전형을 정리하였다(괄호 안은 모집인원을 표기하였음). 대학의 구조조정 등으로 인원이 조정될 수 있으므로 원서접수 전 대학 입학처 홈페이지를 최종 확인 바란다.

1) 정시 가군

계명대	경제금융학전공(18)
동의대	경제 · 금융보험 · 재무부동산학부(34)
부산외대	경제데이터금융학부(24)
숭실대	금융학부(22)
한신대	수리금융학과(11)
한양대	파이낸스경영학과/상경(10)
한양대	파이낸스경영학과/자연(7)

2) 정시 나군

가천대	금융수학과(12)
국민대	파이낸스보험경영학과(22)
광주대	부동산금융학과(2)
대구대	금융보험학과(15)
동아대	금융학과(15),
수원대	경제학부 경제금융전공(20)
순천향대	IT금융경영학과(17)
인하대	글로벌금융학과(인문 14, 자연 4)
한양대	경제금융학부(30)

3) 정시 다군

대구가톨릭대	경제통상학부(13)
서경대	금융정보공학과(23)
서원대	금융보험학과(10)
순천향대	경제금융학과(17)
숭실대	정보통계 · 보험수리학과(16)
우송대	솔아시아서비스융합대학 금융 · 세무학과(14)
전주대	금융보험학과(10)
중앙대	글로벌금융(계열모집 166)
창원대	글로벌비지니스학부 금융보험학트랙(정원외 계열모집 5)
한국외대(글로벌)	국제금융학과(정시 다군 10)
한림대	재무금융학과(11)
한림대	금융정보통계학과(17)

2. 정시전형 요소

2017학년도 정시모집 금융학과 수능 100% 전형 실시 주요 대학은 가천대, 국민대, 상명대, 서경대, 중앙대, 한양대 등이며 숭실대는 수능(95%)+학생부(5%)로 선발한다.

정시모집(일반전형) 금융학과 수능 성적 활용 지표로 백분위 활용 대학은 다음과 같다.

가천대, 가톨릭관동대, 건양대, 경일대, 계명대, 공주대, 광운대, 국민대, 극동대, 나사렛대, 대전대, 상명대(천안), 서경대, 서원대, 수원대, 순천향대, 영남대, 우송대, 전주대, 한림대, 한신대, 협성대 등.

정시모집(일반전형) 금융학과 수능 성적 활용 지표로 표준점수 활용 대학은 다음과 같다.

경성대, 대구가톨릭대, 대구대, 대구한의대, 동명대, 동아대, 동의대, 부산외대, 상명대(서울), 숭실대, 아주대, 영남대, 영산대, 인하대, 한국외대(글로벌), 한양대(서울, 에리카), 홍익대(세종) 등.

정시모집(일반전형) 금융학과 수능 성적 활용 지표로 백분위와 표준점수 활용 대학은 다음과 같다.

아주대, 인하대, 중앙대(서울), 한림대 등이 있고, 숭실대, 한양대(서울)는 표준점수와 변환표준점수를 활용한다.

가천대, 상명대, 서경대는 탐구 1과목을 반영하고 국민대, 숭실대, 중앙대(서울), 한양대 등은 탐구2과목을 반영한다.

2017학년도 최초로 실시되는 한국사 과목은 가천대 5, 국민대 4,상명대 1, 숭실대 1, 중앙대 4, 한양대 3등급을 만점으로 인정한다.

※ 교육부 프라임 사업과 대학 구조조정으로 정시모집 정원이 다소 변동이 생길 수 있음.

PART 5

주요 대학 금융학과
입시 요강 및 지원 전략

가천대 금융수학과 / 국민대 파이낸스보험경영학과 / 동아대 금융학과 / 서경대 금융정보공학과 / 순천향대 IT 금융경영학과 / 상명대 경제금융학부 / 숭실대 금융학부 / 숭실대 정보통계보험수리학과 / 아주대 금융공학과 / 영남대 경제금융학부 / 인하대 글로벌금융학과 / 중앙대 경영학부 글로벌금융전공 / 한국외대(글로벌) 국제금융학과 / 한림대 금융정보통계학과 / 한림대 재무금융학과 / 한신대 수리금융학과 / 한양대 경제금융학부 / 한양대 파이낸스경영학과 / 한양대(에리카) 보험계리학과 / 경인여대 금융서비스과(2년제) / 웅지세무대 부동산금융평가과(3년제)

우리나라 금융의 미래를 선도할 위대한 금융학자, 존경받는 금융기관 임직원, 공명정대한 금융 감독기관, 스마트한 금융소비자가 어우러진 금융 생태계의 생성과 지속적인 금융 산업의 발전을 기대해 본다. 미래 한국의 성장 동력은 전통적인 제조업, 한류 문화, 미래첨단산업과 더불어 금융 산업의 성장이 조화롭게 전제되어야만 무한경쟁의 시대를 선도할 수 있다. 또한 경쟁력 있는 금융산업의 육성과 독창적이고 선도적인 금융상품의 개발, 창의적이고 혁신적인 금융 인재를 발굴하는 것이 무엇보다 중요한 시기이다.

★일러두기 학과(전공) 소개, 전형 요강, 입시 결과는 해당 대학 입학처와 홈페이지의 학과 자료와 정보를 활용하였습니다.

I. 주요 대학 금융학과 입시 요강

1. 가천대 경영대학 금융수학과

1) 학과(전공) 소개

"가천대 금융수학과는 2014년 7월 1일 교육부가 새롭게 추진하는 대학특성화를 위한 특성화 CK사업에서 특성화학과로 선정되었다. 수학과 IT를 기반으로 하는 '실무형 금융 인재 양성'의 특별한 프로그램을 운영하며, 입학생에게 많은 특전과 장학금을 지원한다.

금융수학과는 2학년까지 수학과 IT 위주의 공통과목을 수강하고, 3학년부터 금융과 수학의 세부특화 전공으로 나누어 스스로의 진로를 선택한다.

전 학년 관련 과목을 배치하여 세부 전공 구분 없이 IT 실력을 쌓고, 전공과목의 영어강의를 통해 글로벌 감각을 키운다.

본교 글로벌경영학 트랙 및 IT대학과의 전공과목 교차 수강을 통해 융합지식 전문가의 길을 열어준다.

금융수학과는 Trading Floor 설립, 해외 유명대학 교수 초빙 활성화, 산학협력 확대를 통한 다양한 기회 제공, 하계 인턴 학점제 운영, 외국 대학생 1:1 교환학생 프로그램, 금융대학원을 통한 실무자와의 네트워크 구축 프로그램을 운영하고 있다."

2) 전형 요강

금융수학과의 입학 정원은 40명으로 수시전형에서 28명, 정시 일반전형 I 나군에서 12명을 선발한다. 수시는 학생부교과전형 학생부우수자 7명, 적성우수자 11명, 가천바람개비 4명과 학생부종합전형 가천프론티어로 6명을 세부적으로 선발한다.

수시 학생부교과 학생부우수자전형은 국어, 수학 나형, 영어 과목을 반영하며, 수능최저학력기준으로 1개 영역 3등급 이내를 요구한다.

수시 학생부교과 적성우수자전형은 국어, 수학, 영어 과목을 출제하며 전형 방법으로 학생부 60% 적성고사 40%을 반영한다.

수시 학생부교과 가천바람개비전형은 전형 방법으로 학생부 70% 서류 30% 를 반영하며 수능최저학력기준은 없다.

정시는 수능 100% 백분위를 활용하여 모집한다. 수능영역별 반영 비율은 국어 30%, 수학 나형 20%, 영어 30%, 사회 또는 과학(1과목) 20%를 반영한다.

2017학년도 금융수학과 모집인원

입학 정원	수시				정시
	학생부 교과			학생부 종합	나군
	학생부 우수자	적성 우수자	가천 바람개비	가천 프론티어	
40	7	11	4	6	12

3) 입시 결과

2015학년도 금융수학과 수시 학생부우수자전형은 7명 모집에 52명이 지원 7.4:1의 경쟁률과 학생부 평균 등급은 2.9이다. 가천프론티어전형은 6명 모집에 52명이 지원하였으며 8.7:1의 경쟁률과 학생부 평균 등급은 3.3이다.

2015학년도 금융수학과 정시 입시는 11명 모집에 87명이 지원 8.7:1 경쟁률에 수능백분위 83.7(최종등록자 70% 기준), 최종 예비순위 17명이 추가 합격하였다.

2. 국민대 경영대학 파이낸스보험경영학 전공

1) 학과(전공) 소개

"금융업은 가계와 기업이 투자나 필요한 자금을 융통하여 경제 활동을 하는데 기여하여 가계와 기업의 성장을 도왔고 유무형의 자원이 효율적으로 배분되도록 하여 국가 경제의 발전에 중요한 역할을 담당해 왔다.

그리고 오늘날에는 금융기관들이 국제투자 및 해외진출을 통해 글로벌 신 성장동력을 모색하고 있으며 핀테크, 인터넷전문은행 등 첨단기술이 금융업에 결합됨으로써 고부가가치 서비스산업으로 변모하고 있다.

파이낸스보험경영학 전공은 이렇듯 빠르게 변하는 국내외 금융시장의 환경에 능동적으로 대처할 수 있는 역량을 갖추고 현대 산업의 꽃이라 할 수 있는 금융 산업의 전문지식과 실무를 겸비한 글로벌 금융 전문가의 양성을 목표로 한다.

금융전문가의 역량을 쌓기 위해 경영학 과목 중 재무, 금융, 보험 관련 교과목에 초점을 맞추어 수업을 수강하게 되며 교과목에 대한 효과적인 이해를 위해 경제학, 수학 등 기초 교과목들 역시 배우게 된다. 뿐만 아니라 인사조직, 마케팅, 국제경영, 빅데이터, 창업 등 금융업과 관련이 있는 경영학의 다양한 분야들도 학습할 수 있다. 또한 현장실습을 통해 학생들이 실무적인 감각도 갖출 수 있도록 한다. 졸업 후에는 은행, 증권회사, 보험회사, 금융공기업 등의 금융권에서 종사할 수 있다."

2) 전형 요강

파이낸스보험경영학과의 모집 정원은 50명이며 수시전형에서 28명 정시 가군전형에서 22명을 선발한다. 수시는 학생부교과전형으로 5명, 학생부종합전형은 23명을 선발하며 세부적으로 국민프런티어 12명, 학교생활우수자 5명, 국민지역인재 4명, 국가보훈대상자 및 사회배려대상자 2명을 선발한다.

학생부교과의 전형 방법은 1단계 교과 100% 2단계 1단계 70% 면접 30%이며, 수능최저학력기준은 없다. 학생부종합 국민프런티어전형은 1단계 서류평가 100%, 2단계 1단계 60% 면접 40%이며 수능최저학력기준은 없다.

2017학년도 파이낸스보험경영학과 모집인원

입학 정원	수시					정시
	학생부 교과	학생부 종합				가군
		국민 프론티어	학생부 우수자	국민 지역인재	보훈 · 사배자	
50	5	12	5	4	2	22

3) 입시 결과

파이낸스보험경영학전공 2016학년도 수시 하생부우수자전형은 12명 모집에 77명 지원 6.42:1의 경쟁률을 기록함. 정시 가군에서 22명 모집에 100명이 지원 4.55:1의 경쟁률을 기록하였으며, 홈페이지에 정시 성적은 공개하지 않았음. 백분위 360점(400점 만점) 이상에서 합격점이 형성될 것으로 예상됨.

3. 동아대 사회과학대학 금융학과

1) 학과(전공) 소개

"오늘날 금융 산업은 정보기술혁명, 금융시장의 발전과 자본시장의 개방에 힘입어 고부가가치를 창출하는 역동적인 산업으로서 그 중요성과 역할이 날로 커지고 있고, 금융기관과 기업들은 새로운 금융환경에 맞는 전문금융인을 필요로 하고 있다. 금융학과에서는 금융 전반에 대한 기초적인 이해를 바탕으로 글로벌 경쟁시대의 금융전문가에게 필요한 심층 금융전문지식 및 통합능력의 함양과 지식을 습득하고 금융환경 변화에 대응할 수 있는 창조적이고 전략적 마인드를 개발·향상시켜 우리나라 금융시장을 선도할 수 있는 핵심역량을 갖춘 종합적인 금융전문가를 육성하는 것을 비전으로 삼고 있다.

이를 위해 경제전반에 관한 이론뿐 아니라 주식, 채권, 외환 등의 현물금융시장과 선물, 옵션, 스왑 등의 파생금융상품에 대한 선진 금융기법과 투자 및 위험관리이론 외에도 부동산과 보험분야에 대해서 학습함으로써 금융학과 졸업생들은 경쟁력 있는 전문금융인으로 양성되어 은행, 보험사, 증권 및 선물회사, 자산운용사 등의 금융업종과 일반 기업 및 공기업 등에 취업함으로써 한국 금융 산업의 선도를 목표로 한다."

2) 전형 요강

금융학과의 모집 정원은 60명이며 총 모집 인원은 64명이다. 학생부교과전형은 31명, 학생부종합전형은 18명, 정시 나군에 15명을 모집한다. 수시전형 수능 최저학력기준은 수능 4개 영역(국어, 수학 가/나, 영어, 사회/과학 1과목) 중 1개 영역 이상이 3등급 이내에 들어야 한다.

2017학년도 금융학과 모집인원

| 입학 정원 | 학생부 교과 | 수시 | | | | 정시 |
| | | 학생부 종합 | | | | 가군 |
		학교생활 우수자	고른기회	농어촌 학생	특성화고 (동일계)	
60	31	12	2	3	1	15

※ 총 모집인원은 64명임.

3) 입시 결과

금융학과는 2016학년도 수시 교과성적우수자전형(최종등록자 기준) 32명 모집에 89명이 지원 2.78:1의 경쟁률을 보였으며 충원합격 최종순위 12명 교과 성적 평균등급 3.51이다. 정시 나군에서 26명 모집에 65명이 지원하여 2.50:1을 기록하였으며 수능 표준 합산점수 462.04(국어, 수학, 영어, 탐구 2개 과목), 평균등급 3.55, 충원합격 최종순위는 17명이다.

4. 서경대 이공대학 금융정보공학과

1) 학과(전공) 소개

"금융정보공학과의 교육 목표는 1) 미래 금융시장의 불확실성을 관리할 수 있는 파생상품, 리스크관리, 금융정보 분석 등 금융공학에 대한 기반 이론 및 실무 능력 배양, 2) 금융 산업 현장에 즉시 활용 가능한 금융기술전문가 양성, 3) 금융기관 이외의 다수의 일반기업에서 활용 가능한 금융, 회계, 재무분석 전문 인재 양성을 목표로 한다.

전공(심화)교육은 1) 파생상품 전공: 주식/채권 및 선물, 옵션, 스왑 등 기타 최신 파생상품을 설계하고 운용할 수 있는 이론 및 실무 능력 배양, 2) 리스크관리 전공: 금융상품 리스크를 관리 할 수 있는 기본적 이론 및 실무적 능력 배양, 3) 금융정보 분석 전공: 금융정보 및 금융통계 분석에 대한 기반 이론 및 실무 능력 배양을 목표로 한다."

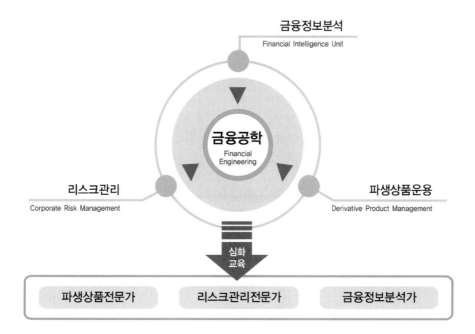

2) 전형 요강

금융정보공학과의 입학 정원은 40명이며, 수시 모집인원은 학생부교과전형으로 교과성적우수자 8명, 일반학생 ① 8명, 사회기여지 1명, 농어촌학생 2명을 선발하며 수능최저학력기준은 없다.

정시는 다군으로 23명, 특성화고졸업자 1명을 선발한다. 정시전형의 수능 반영 비율은 국어 10%, 수학 가형 또는 나형 35%, 영어 35%, 사탐/과탐/직탐(1과목) 20%를 반영하며, 한국사는 가산점을 부여하고, 수학 가형 5%, 과탐 5%의 가산점을 부여한다.

2017학년도 금융정보공학과 모집인원

입학 정원	정시					정시
	학생부 종합	학생부 교과				다군
		일반학생 ①	교과성적 우수자	농어촌 학생	사회기여자	
40	·	8	8	2	1	23

※ 정시 다군 특성화고 1명, 농어촌학생 2명은 정원 외 선발함.

3) 입시 결과

금융정보공학과의 2016학년도 수시 최종합격자 학생생활기록부 평균 등급은 3.4, 적성고사 성적은 100점 환산 72.0점이며, 60문항 중 정답 개수는 41문항이다. 정시 신입생 최종합격자 성적은 모집인원 24명, 지원 115명, 지원 비율 4.5:1로 수능 영역별 백분위 평균은 국어 58.4, 수학 88.6, 영어 80.1, 탐구 85이고, 추가 합격 순위는 15명이다.

5. 순천향대 글로벌경영대학 IT금융경영학과

1) 학과(전공) 소개

"IT금융경영학과는 1994년에 개설된 학과로서 금융 분야는 물론 다양한 분야에서 요구하는 인재 양성을 위해 금융과 IT를 융합한 특화된 학과이다. IT금융경영학과의 주요 전공 분야는 다음과 같다.

01. 디지털금융: 은행, 증권 회사의 인터넷을 활용한 마케팅, 금융회사의 금융마케팅정보 분석, 금융회사 및 기업의 정보보호 및 보안관리 분야

02. 글로벌 리스크 관리: 금융감독원, 보험회사 등의 상품 개발 및 리스크 관리 분야

03. 금융엔지니어링: 은행 · 증권 · 보험회사의 전산, 금융 파생상품의 개발 및 판매, 금융공학에 기초한 증권투자 분야

04. 에셋관리 프로그래밍: 자산관리 프로그래밍 능력에 기초한 라이프 디자인 컨설팅 및 상담 분야

05. IT회계: 프로그램을 통한 기업의 회계 · 세무 관리 및 재무제표를 통한 기업 재무분석 분야

06. 금융보험 비즈니스: 손해사정 및 보험제반 분야

07. 빅데이터 분석: 빅데이터 수집, 저장, 분석, 시각화 처리를 위해 다양한 빅데이터 솔루션을 활용하는 분야."

2) 전형 요강

IT금융경영학과의 입학 정원은 58명이다. 수시 학생부교과는 교과 17명, 면접 7명을 선발하며, 학생부종합 학교생활우수자 8명, 지역인재 7명, 기회균형 3명이고, 수시 수능최저학력기준은 2개 과목 등급 합 9 이내이며, 반영 과목은 국어, 수학, 영어, 탐구(사탐, 과탐, 직탐)이다. 정시는 나군에서 17명을 선발한다.

2017학년도 IT금융경영학과 모집인원

입학 정원	수시					정시
	학생부 교과		학생부 종합			나군
	교과	면접 · 교과	학교생활 우수자	지역인재	기회균등	
58	17	7	8	7	3	17

※ 정원 외 학생부종합 기초·차상위 3명, 특성화고 4명은 계열 선발
※ 모집단위 및 모집인원은 대학 학생정원 조정 결과에 따라 변경될 수 있음

3) 입시 결과

IT금융경영학과의 2015학년도 일반학생전형(교과)는 21명 모집에 145명 지원 6.90:1의 경쟁률을 기록하였으며 추가합격 최종순위 29명, 학생부등급 평균 3.69, 상위 75%는 3.87이다. 정시 나군 일반전형경쟁률은 3.00:1, 수능등급은 3.6, 백분위는 평균 73.5, 상위 75%는 67.7이다.

6. 상명대 경영대학 경제금융학부

1) 학과(전공) 소개

"경제 및 금융의 기본원리를 익힘으로써 기업 활동, 재정, 경기변동 고용, 금융, 부동산 등 국내외 현실 경제의 여러 이슈들 및 금융 현상을 이해하고 각종 경제활동 과정에서 합리적인 판단을 할 수 있는 경제전문가를 양성함을 목표로 한다.

이를 위해 학생들은 경제학의 기본적 논리체계를 탐구하는 동시에 경제이론이 현실의 다양한 문제에 활용되는 사례를 학습하며, 이를 통해 궁극적으로 개인의 생활을 보다 윤택하게 하고 사회발전에 이바지하는 전문가로서의 소양을 배양하게 된다. 현대 자본주의 사회에서 지식인으로서 활동하기 위해서는 경제학에 대한 이해 및 활용 능력이 필수적이다.

이에 따라 금융경제학과 졸업생은 졸업 후 사회의 다양한 분야로 진출하고 있다. 현대 사회에서 경제학 전공자에 대한 수요는 매우 크고 다양하기 때문에 졸업생들은 일반기업체는 물론 은행, 증권, 보험회사 등 각종 금융회사와 공기업 등에 진출하고 있으며, 이 외에도 신문사, 방송사 등의 언론 분야로도 진출하고 있다. 일부 졸업생들은 대학원에 진학하여 학계나 연구소 등에서도 활동하고 있다."

2) 전형 요강

경제금융학부는 수시 학생부교과우수자전형 12명, 선택교과면접전형 12명, 학생부종합 상명인재전형 18명으로 42명을 모집한다. 수시 학생부교과우수자전형의 수능최저학력기준은 국어, 수학 가/나, 영어, 사탐/과탐(1과목) 중 2개 영역 합 6등급 이내이다. 정시는 나군에서 26명을 모집한다.

2017학년도 경제금융학부 모집인원

입학 정원	수시			정시
	학생부 교과		학생부 종합	나군
	교과 우수자	선택교과면접	상명인재	
68	12	12	18	26

3) 입시 결과

금융경제학과의 2016학년도 수시 학생부교과우수자전형 등급 평균은 2.31 학생부표준편차는 0.16임. 정시 수능 나군 수능표준점수는 613.57, 백분위 평균 84.73, 등급 평균 2.33이다. 2015학년도는 수능표준점수 610.20, 수능백분위는 84.18이다.

7. 숭실대 경상대학 금융학부

1) 학과(전공) 소개

"금융학부는 2010년 숭실대학교가 기독교적 인성교육을 토대로 금융전문인력 양성을 위해 특성화 전략의 일환으로 야심차게 출범시킨 독립학부이다. 금융학부는 금융 관련 이론 및 실무 적용능력 교육을 통해 '졸업생들을 국내 및 글로벌 금융시장 리더로 진출시키는 것'을 미션으로 하고 2020년까지 '교육 및 취업에서 아시아 톱클래스 금융학부로 발전'하는 것을 비전으로 삼고 있으며, 교육과정의 특성은 다음과 같다.

○ 이론 및 실무 간 균형 잡힌 교과과정 및 국내 최고수준의 교수진
○ 특성화 장학생으로 선발된 학생에게 4년간 학비 전액 장학금 지급 및 매월 생활비와 기숙사 무상 제공 등을 포함 파격적 지원
○ 해외 어학연수, 금융기관 현장실습 및 자원봉사 프로그램 시행

숭실대 금융학부는 비전 2020을 실현하고 더 나아가 미션을 수행하기 위해 다음 네 가지 핵심가치를 교육 목표로 추진하고 있다.
○ 금융전문가의 기본소양인 학문적 수월성(academic excellence)
○ 기독교정신에 부합하는 봉사와 섬김의 리더십(servant leadership)
○ 특성화와 통섭을 통한 실용가치(practical value)
○ 21세기형 인재 양성에 필요한 글로벌 네트워크(global network) 구축"

2) 전형 요강

금융학부의 입학 정원은 55명이며, 수시 학생부종합은 미래인재전형 12명, 고른기회 1 3명, 고른기회 2(참사랑인재) 1명을 선발하며, 학생부우수자 10명, 논

술우수자전형으로 8명을 선발한다. 정시 가군에서 2명을 선발하며, 전형 요소는 수능 95% + 학생부 교과성적 5%이며 수능 반영영역은 국어, 수학(가/나), 영어, 탐구(사탐/과탐 2과목)이다.

2017학년도 금융학부 모집인원

입학 정원	수시					정시
	학생부 교과		학생부 종합			가군
	학생부 우수자	논술 우수자	미래인재	고른기회 I	고른기회 II	
55	10	8	12	3	1	22

※ 2017학년도 정원조정에 의해 모집인원이 변경될 수 있음

3) 입시 결과

금융학부 수시 학생부우수자전형 교과성적(단순등급평균)은 2016학년도 1.7 그리고 2015학년도 1.9이며, 정시 나군 백분위 91.1, 표준점수 92.2이다.

8. 숭실대 자연과학대학 정보통계 · 보험수리학과

1) 학과(전공) 소개

"1. 교육목적

불확실한 현상에 대한 과학적인 사고를 할 수 있는, 통계학과 보험수리 분야의 전문 인력을 양성하여 사회발전에 이바지하는 것을 목적으로 하고 있다.

2. 교육 목표

정보통계 · 보험수리학과는 21세기 학문의 흐름과 국가와 지역사회의 요구에 부응할 수 있는 인력의 양성을 교육 목표로 하고 있다. 보다 구체적으로, 정보화 사회에서 필수적인 분야인 통계적 방법론에 대한 연구와 다양한 응용분야에서 통계학을 활용할 수 있는 정보 분석능력을 갖춘 전문 인력을 양성하는 것이 기본적인 목표이다. 또한, 실용적인 특성을 가지는 보험수리 전공을 통하여 보험 및 금융 분야의 수리전문 인력을 양성하는 것도 학과의 중요한 교육 목표이다. 정보통계 · 보험수리학과에서는 이러한 교육 목표의 달성을 위해 통계학의 이론 및 응용교육에 충실을 기하고 있으며, 보험수리 분야에서는 기본적인 이론과 방법론을 교육함과 동시에 현실문제에 대한 활용도를 높이는 데 주안점을 두고 있다.

○ 자료를 효율적으로 수집하고 분석하여 의사결정에 유용한 정보를 생산하는 통계학 전문인력 양성
○ 생명보험/손해보험/의료보험/연금/재보험 등 보험과 관련된 수리적 이론과 분석 방법론을 다루는 보험수리 전문인력 양성
○ 충실한 이론 교육과 함께 실용성을 강화한 교육으로 국제적 경쟁력을 갖춘 인재 육성"

2) 전형 요강

정보통계ㆍ보험수리학과의 입학 정원은 43명이며, 수시 학생부종합 미래인재 전형 8명, 고른기회1 2명, 고른기회2(참사랑인재) 1명, 학생부우수자 9명, 논술우수자전형 8명을 선발한다. 정시 다군에서 16명 농어촌(정원 외) 3명을 선발하며 전형요소는 수능 95% + 학생부 교과성적 5%이며 수능 반영영역은 국어, 수학(가/나), 영어, 탐구(사탐/과탐 2과목)이다.

2017학년도 정보통계ㆍ보험수리학과 모집인원

입학 정원	수시					정시
	학생부 교과		학생부 종합			다군
	학생부 우수자	논술 우수자	미래인재	고른기회 I	고른기회 II	
43	8	8	8	2	1	16

※ 2017학년도 정원조정에 의해 모집인원이 변경될 수 있음
※ 정원 외 정시 다군 기초생활수급자 3명

3) 입시 결과

정보통계ㆍ보험수리학과의 수시 학생부우수자전형 교과성적(단순등급평균)은 2016학년도 2.1, 2015학년도 2.1이며, 정시 나군 백분위은 87.0, 표준점수는 92.9이다.

9. 아주대 금융공학과

1) 학과(전공) 소개

"금융공학은 금융자산 및 금융파생상품을 설계하고 가치를 평가하며, 금융기관의 위험을 관리하는 등 제반 금융문제에 수학기법을 적용하여 해결하는 첨단 융·복합 학문이다.

아주대학교는 교육과학기술부가 주관한 세계수준의 연구중심대학(World Class University, WCU) 육성사업의 금융공학 분야에서 단독으로 선정되어 동 분야에서 아주대학교가 우리나라 최고의 교육·연구기관임을 널리 알리게 되었다. 특히 금융공학과는 WCU사업에 선정된 세계적인 연구능력과 교육능력을 갖춘 교수진으로 구성된 국내 유일의 World Class 과정이다.

아주대학교 금융공학과는 국내 및 글로벌 금융시장에서 금융리더가 갖춰야 할 금융공학실력과 경제·경영의 소양을 닦는데 필요한 교육과정을 운영하고 있다. 또한 국내 최초로 최첨단의 트레이딩 룸을 개설하여 실제 금융시장 상황에서처럼 금융공학이론을 실습할 수 있는 설비도 갖추고 있다.

금융공학은 경제학, 경영학, 수학, computing science의 융합학문이다. 경제적 사고방식, 경제학 원론, 시장경제와 공정거래 과목 등은 경제현상과 금융시장의 변화를 분석하는데 필요한 경제학의 기본 지식을 가르친다. 재무관리와 투자론은 기업, 실물 프로젝트, 금융기관, 금융상품에 대한 가치평가이론, 투자전략수립, 금융위험관리에 관한 기본 원리를 다룬다. 금융파생상품의 가격결정에 관한 기본이론은 선물옵션, 고정소득증권기초 과목을 통해 습득할 수 있다. 선물, 옵션, 이자율 파생상품 등의 가격결정원리를 이해하기 위해서는 선형대수학, 미분방정식, 해석학, 확률과 측도, 금융수학 등의 수학 과목에서 터득할 수 있는 수학의 기본원리가 전제되어야 한다. 수치해석, 계산금융 등의 과목을 통해 금융파생상품의 가격결정이론과 포트폴리오 투자전략을 금융시장에서 구현하는 방법론을 배우게 된다. 특히, 3년간 시리즈로 개설되는 글로벌금융이슈(EBP) 과목은 글로벌 금융시장에 관한 정보분석능력, 의사결정능력 등과 같은 글로벌 금융시장의 리더에게 필요한 소양을 갖출 기회를 제공한다."

2) 전형 요강

금융공학과 2017학년도 수시 모집 정원은 20명이며, 학생부종합 과학우수인재전형으로 15명, 일반전형Ⅰ(논술) 5명을 선발한다. 일반전형Ⅰ(논술)에서 자연계열 기준(국어, 수학, 영어, 과학)으로 학교생활기록부 교과목을 반영한다.

금융공학과의 학생부교과는 국어 20%, 수학 30%, 영어 30%, 과학 20% 비율로 반영한다.

과학우수인재전형은 1단계는 서류 100%, 2단계는 1단계 50% 면접평가 50%이며 수능최저학력기준은 없다.

일반전형Ⅰ(논술)은 수리논술을 실시하고, 학생부교과 40% 논술 60%를 반영하여 선발하며, 학생부교과는 국어 20%, 수학 30%, 영어 30%, 과학 20% 비율로 반영한다. 수능 최저는 없으나 모집계열에 맞추어 수능에 응시하여야 한다.

2017학년도 금융공학과 모집인원

입학 정원	수시		정시
	학생부 교과	학생부 종합	나군
	일반Ⅰ 논술	과학우수인재전형	
40	5	15	20

3) 입시 결과

2016학년도 과학우수인재전형 모집인원 15명에 43명이 지원하여 2.87:1, 일반전형Ⅰ(논술)은 5명 모집에 148명이 지원 29.60:1, 정시는 20명 모집에 4.08:1 경쟁률을 나타냄. 2017학년도 정시 백분위는 370점 내외로 예상된다.

10. 영남대 상경대학 경제금융학부

1) 학과(전공) 소개

(1) 교육 목표

"다가올 21세기에는 세계가 하나의 시장으로 통합되는 현상이 더욱 가속화되면서 사회 각 분야에서 국제화, 개방화에 대한 요구가 한층 높아질 것이다. 이러한 수요에 부응하기 위해 50년의 전통을 지닌 영남대학교의 경제학과는 경제금융학부로 개편되어 새롭게 도약하고 있다. 세계를 무대로 하는 경제전문가, 금융전문가의 산실로 역할을 할 것이다.

경제금융학부는 실사구시의 학풍에 따라 경제·금융·통상·경영의 여러 분야에 대한 철저한 이론적 기초와 함께 대내외적 경제 현실에 직접 적용할 수 있는 실무적 지식을 결합한 교과과정을 통해 발전하는 모습을 보이게 될 것이다."

(2) 경제금융학부 주요 프로그램

○ 재무설계사(AFKN) 연수 프로그램 운영

― 재무설계사 자격증 중 업계에서 가장 인정받는 AFPK자격증 취득을 위해 필수적인 연수프로그램(연간 90시간)으로, 경제금융학부가 FPSB(AFPK 자격 주관기관)로부터 공인 인증교육기관으로 지정되었으며(2007년), 직접 프로그램을 운영하고 있음.

― 현재까지 4회에 걸쳐 200여 명을 교육하였으며 전회에 걸쳐 전국 최고의 합격률을 기록하였음.

○ 전문동아리 활동
Finomics (금융심화반) / 영웅회(영어회화 및 토론클럽) 등

○ 금융캠프 운용

2) 전형 요강

경제금융학부 2016학년도 입학 정원은 125명, 수시 학생부교과는 일반학생 47명, 면접 19명, 학생부종합 잠재능력우수자 9명, 사회기여 및 배려자 1명, 정원 외 특성화고 졸업자 2명, 농어촌학생 5명을 선발한다.

2017학년도 수시 면접전형을 신설하였으며, 1단계 학생부 100%, 2단계 학생부 60%, 면접 40%으로 전형한다. 잠재능력우수자, 사회기여 및 배려자 전형은 학생부 30%+서류 30%+면접 40%로 전형한다.

2017학년도 경제금융학부 모집인원

입학 정원	수시				정시
	학생부 교과		학생부 종합		군
	일반 학생	면접	잠재능력 우수자	사회기여 배려자	
115	44	16	9	1	45

※ 정원 외 학생부교과 특성화고 2, 농어촌학생 5

3) 입시 결과

경제금융학부 2015학년도 정시 단순백분위 평균 400점 만점에 307.3점, 상위 80%는 303.5임.

11. 인하대 경영대학 글로벌금융학과

1) 학과(전공) 소개

"글로벌금융학과는 국내 최초 금융기관 경영 및 재무금융 전문학과로서 금융에 특화된 차별화된 교과과정을 가지고 있다. 글로벌금융학과의 교과과정은 금융전공 지식의 심화와 함께, 금융기관과 기업체의 니즈를 반영하여 설계된 실사구시형 금융 실무 전문가의 양성을 위한 맞춤 교과과정이라고 할 수 있다. 또한 수학, 통계학 분야와의 연계성을 지닌 교과과정을 통하여 금융공학과 관련된 심화학습을 할 수 있다. 이러한 금융 분야의 전문적인 교육과정은 아시아-태평양 지역에서 글로벌경쟁력을 갖춘 최상의 인재를 양성하고자 하는 글로벌금융학과만의 특성화된 교육과정이라고 할 수 있다.

글로벌금융학과의 인재상은 미래에 도전할 수 있는 창조적인 마인드와 실패에도 좌절하지 않는 도전정신을 소유한 자이다. 글로벌금융학과는 "금융 분야의 최고 인재양성"을 목표로 국내 최초로 출범한 금융기관 경영 및 재무금융 전문학과로서, 실용적 지식(practical knowledge)과 국제 경쟁력(global competitiveness)을 겸비한 동북아 글로벌 금융 시대를 이끌어 갈 글로벌 금융 인재의 양성을 목표로 하고 있으며 이에 따라 실용적 글로벌 금융전문 인력 양성, 금융현장의 실무지식 및 경험 배양을 위해 다양한 커리큘럼을 운영하고 있다."

2) 전형 요강

글로벌금융학과의 입학 정원은 45명이며, 문·이과 분리모집학과로 수시에서 인문계열 19명(학생부종합 8명, 고른기회 3명, 학생부교과 2명, 논술 6명 모집), 자연계열 8명(학생부 교과 2명, 논술 6명)을 모집한다.

학생부교과전형은 1단계 교과 100%, 2단계 1단계 70%와 면접 30%로 선발하며 수능최저학력기준은 적용하지 않는다. 논술전형은 논술 70%와 학생부교과 30%이며 수능최저는 인문계열 국어, 수학 나형, 영어, 사탐(1과목) 2개 영역 합 5 등급 이내이다. 자연계열은 국어, 수학 가형, 영어, 과학(1과목)에서 1개 영역 2등 급 이내이다. 한국사는 필수 응시하여야 한다.

글로벌금융학과 2017학년도 정시 모집인원은 18명으로, 나군에서 인문계열 14명, 자연계열 4명을 모집한다. 정시전형 수능반영은 인문계열 국어 25%, 수학 나형 30%, 영어 25%, 사탐 15%이고, 자연계열은 국어 20%, 수학 가형 40%, 영어 20%, 과탐 20%를 반영한다.

2017학년도 글로벌금융학과 모집인원

입학정원	계열	수시						정시
		학생부 종합		학생부교과		논술		나군
		종합	고른기회	교과		논술우수자		
45	인문	8	3	2		6		14
	자연	·	·	2		6		4

3) 입시 결과

경영대학의 단과대학별 학생부종합 내신등급 평균은 2.88이고, 최저는 5.91 이다(학과별 내신등급 미공개). 학생부교과전형의 교과평균(2014, 2015, 2016학년도) 은 인문계열 1.76/ 2.26/1.93이며, 자연계열은 1.81/ 3.27/ 2.16이다. 논술전형 의 인문계열 내신평균은 3.09/ 3.34/ 3.81이며 자연계열은 3.08(2015학년도)/ 4.44(2016학년도)이다.

12. 중앙대 경영경제대학 경영학부 글로벌금융전공

1) 학과 소개

(1) 교육 목표

"세계화의 거대한 물결에 직면한 현대 시장경제에서 금융 산업은 이미 국경이 의미 없는 '글로벌 산업'으로 변모하였다.

더불어 금융 산업은 고부가가치 창출산업으로서 종사자에게 매력적인 보상은 물론 자기실현의 기회를 제공하는 장이기도 하다. 따라서 금융 산업으로의 취업경쟁은 갈수록 치열해지고 있다. 그에 반하여 급속한 산업 환경 변화로 인하여 전통적인 경영학과 교과과정을 통해 현장에서 요구되는 실무지식과 논리적 문제해결 능력을 습득하기는 어려운 것이 사실이다.

중앙대학교 경영경제대학 경영학부 '글로벌금융과정'은 이러한 환경 변화에 대응하여 글로벌 차원의 경쟁력을 보유한 금융 인재 육성의 비전을 가지고 중앙대학교 경영경제대학 경영학부가 2011년 신설한 특성화 프로그램이다.

본 프로그램은 글로벌화 된 금융 산업에서 '프리미어 리거'(Premier Leaguer)를 꿈꾸는 우수 인재들을 대상으로, 재무금융 분야 첨단이론 심화학습과 금융 산업 현장 실무능력 배양이라는 두 가지 교육 목표 달성을 추구하고 있다."

(2) 전공과정 소개

"금융 산업의 '프리미어 리거'를 지향하는 글로벌금융과정 학생은 경영학 전반에 걸친 기초지식은 물론 재무금융 분야의 심화 지식을 습득하여야 한다.

'글로벌 금융'이 내포하는 다중적 의미를 감안하여 다음 네 가지 사항에 중점을 두고 교과과정이 설계되었다.

① 교과과정금융혁신과 금융통합 글로벌 금융부분의 최신 트렌드를 반영한 교과과정

② 이머징 마켓(Emerging Markets)을 포함한 글로벌 금융시장에 대한 경험의 장을 제공하는 교과과정

③ 실무경험을 통한 지식습득(learning by doing)을 강조하는 글로벌 금융 산업의 요구에 부합하는 교과과정

④ 회계학·경제학 등 인접학문과 금융이 융합하는 글로벌 금융교육의 추세에 부합하는 교과과정"

2) 전형 요강

경영경제대학 경영학부 글로벌금융전공 수시 학생부교과의 전형요소는 학생부 100%(교과 70%, 비교과 30%/출결, 봉사), 학생부종합 다빈치전형은 1단계 서류 100%, 2단계 서류 70% + 면접 30%, 탐구형인재전형은 서류 100%로 선발한다. 학생부종합 논술전형은 논술 60% + 학생부 40%(교과 20%, 비교과 20%)로 선발한다. 정시는 수능위주로 일반전형(가/나/다)은 수능 100%로 선발한다.

경영학부 글로벌금융전공의 기존학생 정원은 50명이며, 수시 학생부교과는 경영경제대학 단위로 67명을 모집하고, 수능은 국어, 수학(가/나), 영어, 사/과탐 중 3개 영역 등급 합 6 이내 및 한국사 4등급 이내 최저학력 기준을 적용한다.

학생부종합 다빈치형인재 경영학부(글로벌금융전공)은 8명을 모집하고, 탐구형인재는 12명을 모집하며, 수능 최저는 적용하지 않는다.

※ 학칙개정 및 교육부 국고사업(예 PRIME 산업연계 교육활성화 선도대학)에 따라 모집 단위와 모집 인원이 변경될 수 있으며, 변경사항은 홈페이지를 통해 공지하니 확인하기 바란다.

3) 입시 결과

정시 수능 100%는 수능 백분위 385점 전후로 합격선이 예상됨.

13. 한국외대(글로벌) 경상대학 국제금융학과

1) 학과(전공) 소개

(1) 학과 소개

"사회 경제 내에서 금융의 역할은 체내에 적절한 영양분을 공급하고 노폐물을 제거해주는 혈액에 비유할 수 있다. 지원이 필요한 경제 주체에게 적절한 자금을 공급하고, 한계 상황에 이른 경제 주체에게는 자금 지원을 제한한다. 즉, 발전 가능성이 큰 산업과 기업에게는 자금의 원활한 공급을, 퇴행 가능성이 큰 분야에는 공급의 제한을 통해서 사회 경제가 효율적으로 기능하는 역할을 하는 것이다. 따라서 금융인이 된다는 것은 다양한 경제 주체의 역할과 기능을 이해하고, 적절한 조절과 통제의 역할을 수행할 줄 아는 역량을 전제로 한다. 특히 오늘날처럼 글로벌 경쟁이 가속화되며 기업의 생태계가 변화무쌍한 시대에는 더욱 그렇다. 한국외대 국제금융학과는 이러한 시대적 흐름을 선도할 금융전문인을 배출하기 위해 설립되었다. 금융 및 재무와 관련한 전공지식, 그리고 한국외대의 최대 강점인 외국어를 결합함으로써 급변하는 글로벌 환경에서 뛰어난 적응력과 개방성을 지닌 융합형 금융전문인 양성에 최적의 도량을 만들어 나갈 것이다."

(2) 학과 특성

"국제금융학과 졸업생은 금융인으로서 국내외 경제발전에 일익을 담당하며, 창조적인 자세를 견지함으로써 혁신적 금융상품의 개발과 투자자 이익실현에 기여할 것이다. 글로벌 금융 인재들은 기업의 경영전략부터 국가의 경제정책을 주도해 나갈 것이며, 이들에 의해 구축된 대한민국의 금융 인프라는 지속가능한 경쟁력을 지닐 것이다. 그러한 인재교육의 출발점은 금융의 기본원리에 대한 이해를 토대로 경제와 경영 원리에 따라 금융·경제 현상을 분석 및 예측할 줄 아는 능력의 육성에 있다. 이를 위해 본 학과는 경제·경영 기본과목과 함께 금융학 기반의 집중교육, 국내외 인턴활동과 금융현장 실습, 어학능력의 겸비를 통해 '이론+실무+어학'이 조화된 교육을 실현해 나가고 있다."

2) 전형 요강

국제금융학과의 2017학년도 입학 정원은 30명, 수시는 학생부교과 7명, 학생부종합 일반 7명, 고른기회 8명, 논술전형으로 3명으로 수시 모집 총원은 18명이다. 학생부교과전형의 수능최저학력기준은 국어, 수학(나), 영어 중 1개 영역 등급이 3이내이고, 한국사영역이 4등급 이내 적용한다. 학생부종합(일반/고른기회)은 1단계 서류 평가 100, 2단계 서류 평가 70, 면접 평가(인·적성평가)30으로 전형하며, 수능 최저를 적용하지 않는다.

논술전형의 수능최저학력기준은 국어, 수학(나), 영어, 사탐(2과목 평균) 중 2개 영역 등급이 6 이내이고, 한국사영역이 4등급 이내 제2외국어 및 한문을 사탐영역 1과목으로 대체 가능하다.

2017학년도 국제금융학과 모집인원

입학 정원	수시			정시
	학생부 교과	학생부종합	논술	군
		일반	논술우수자	
30	7	8	3	12

3) 입시 결과

국제금융학과의 2016학년도 학생부교과 7명 모집에 104명이 지원하여 경쟁률이 14.86:1, 학생부종합은 8명 모집에 61명 지원하여 7.63:1, 논술전형은 5명 모집에 161명 지원하여 32.20:1의 경쟁률을 기록함. 정시 다군은 12명 모집에 104명 지원하여 8.67:1을 기록하였다.

2017학년도 정시 합격 점수는 수능 백분위 400점 만점에 340점 전후로 예상된다.

14. 한림대 자연과학보건생명대학 금융정보통계학과

1) 학과(전공) 소개

(1) 교육 목표

"금융정보통계학과는 최신 정보기술의 습득과 수리적 기초를 바탕으로 통계학적 사고 능력을 배양하여 정보 분석 및 통계적 의사 결정 등에 종사할 수 있는 전문 통계인의 양성에 교육의 목표를 두고 있다. 최근 금융수학에 대한 수요가 늘고 있는 점을 고려하여 통계학을 기반으로 하는 확률 이론의 한 응용 분야인 금융 및 보험 분야의 교과목 개설 등 학과의 교과과정을 3개의 트랙으로 구분하여 기업 맞춤형 인재를 양성하는데 목적이 있다."

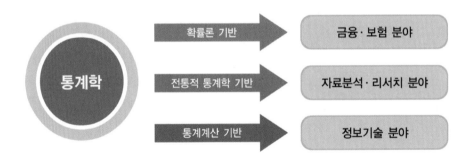

(2) 전망 및 진로

"금융정보통계학과 졸업생들의 경우, 실질적인 자료처리 능력을 바탕으로 관련 기업, 산업체, 연구소, 통계처리 전문기관 및 은행, 증권, 보험 회사로 진출하고 있다. 현재 통계학과의 관련된 자격증으로는 사회조사분석사, 보험계리사, CFA, 금융 관련 각종 자격증 등을 취득할 수 있다."

2) 전형 요강

금융정보통계학과의 2017학년도 입학 정원은 60명이고, 학생부교과 20명, 학생부종합 학교생활우수자전형 18명, 지역인재 5명, 농어촌학생 2명을 모집한다. 정시는 다군에서 17명을 모집한다.

2017학년도 금융정보통계학과 모집인원

입학 정원	수시				정시
	학생부 교과	학생부 종합			다군
		학교생활 우수자	지역인재	농어촌 학생	
60	20	18	5	2	17

3) 입시 결과

금융정보통계학과(금융정보)의 2015학년도 최종등록자 학생부등급 최고 등급은 3.51이고, 평균 등급은 3.79이며, 하위 20% 평균은 3.65이다.

금융정보통계학과(금융정보)의 2015학년도 최종등록자 수능등급 최고는 3.67이고, 평균 4.33, 하위 20% 5.0이다.

15. 한림대 경영대학 재무금융학과

1) 학과(전공) 소개

"재무금융학과는 기업과 개인의 재무 및 투자활동 그리고 금융기관의 금융활동을 교육과 연구의 주요대상으로 삼는다. 국내 대부분의 대학에서 재무금융학을 경영학의 한 분야로 취급하는 것과는 달리 한림대학교에서는 재무금융학과를 경영대학 내의 독립된 학과로 운영함으로써 현대의 자본주의 경제에서 재무와 금융의 중요성에 주목한다.

21세기 들어 우리나라 기업들은 과거 고속성장 과정에서의 규모 위주의 부실 경영을 탈피하여 수익성에 입각한 새로운 경영방식으로 탈바꿈하고 있으며, 기업들을 지원하기 위한 자율적이고 효율적인 금융기관 경영의 필요성 또한 그 어느 때보다 강조되고 있다. 이에 따라 국가 경제 전체적으로 재무금융 전공자에 대한 수요가 급증하는 추세인바, 재무금융학과는 이러한 사회적 · 경제적 요구에 부응하여 기업의 재무관리자와 금융전문가 교육에 초점을 맞추고 있다."

재무금융학과의 교육 목표는 아래 네 가지를 포함한다.

1. 급격히 발전하는 재무금융학의 이론 및 실무 전문지식을 습득하고 분석능력을 배양함으로써 변화하는 환경 속에서 재무금융에 관한 올바른 의사 결정을 할 수 있는 인재를 양성한다.
2. 진취적인 태도와 창조적 마인드를 지닌 기업가를 양성한다.
3. 경제적 이익의 추구만이 아니라 기업의 사회적인 책임을 이해하고 수행할 수 있는 재무 관리자를 양성한다.
4. 국제적인 안목을 지닌 경영자를 양성한다.

2) 전형 요강

재무금융학과의 2017학년도 입학 정원은 39명이고, 수시 학생부교과는 12명, 학생부종합 학교생활우수자 11명, 지역인재 4명, 한림케어 1명, 농어촌학생 2명을 모집한다. 정시 다군에서 11명을 모집한다.

2017학년도 재무금융학과 모집인원

| 입학 정원 | 수시 | | | | | 정시 |
| | 학생부 교과 | 학생부 종합 | | | | 다군 |
		학교생활 우수자	지역인재	한림케어	농어촌 전형	
39	12	11	4	1	2	11

3) 입시 결과

재무금융학과의 2016학년도 최종등록자 중 학생부등급의 최고 등급은 2.87, 평균 3.56, 하위 20%는 3.72이다.
재무금융학과의 2016학년도 최종등록자 수능등급 최고는 3.33, 평균 4.78, 하위 20%는 5.33이다.

16. 한신대 IT대학 수리금융학과

1) 학과(전공) 소개

"수리금융학은 제반 금융 문제를 수학적 방법을 동원하여 관리하고 해결하는 경제학, 재무학, 수학, 통계학, 전산학의 융복합학문이다. 금융 문제에는 금융자산 및 금융상품을 설계 평가하는 문제와 금융기관과 일반 기업의 위험을 관리하는 문제, 주식, 채권, 현물, 선물 등의 투자와 분석 평가에 관련한 문제, 개인의 금융 생활에 관한 문제 등이 포함된다. 이러한 금융 문제는 오늘날 세계 경제의 글로벌화와 더불어 점차로 복잡하게 되어 금융경제학과 수학의 융합학문으로 탄생한 금융공학의 도움 없이는 해결할 수 없게 되었다.

융합학문으로서의 수리금융을 제대로 알고자 하면 관련 여러 분야의 지식도 알아야 한다. 그래서 수리금융학과 학생은 한신대학교 안의 여러 학과의 지원을 받아 각 학과의 전공과목 중에 금융 및 통계 분석과 관련된 기본 이론도 제대로 배우게 된다. 여기에 더하여 학생들은 수학적 분석을 위한 도구들과 전산 처리 능력을 개발하는 전산 실습 과목을 배우고, 이를 실제 금융 현상을 분석하고 문제를 해결하는 데 활용해 보고 실무 능력을 키우게 된다.

금융이 10년 전보다 지금이 더 중요하게 된 것처럼 다가오는 미래에는 오늘날보다 더 중요하게 될 것이다. 여타 산업의 보조로만 여겨졌던 금융이 지금은 최첨단 산업이 되었고 앞으로 모든 산업에 더 큰 영향을 미칠 것으로 보인다. 개인으로서는 금융 생활을 효율적이고 합리적으로 할 수 있는 능력이 좀 더 풍요로운 생활을 하기 위한 자질의 일부가 될 것이다. 한신대학교 수리금융학과는 이에 부응하기 위해 금융전문인이 갖춰야 할 금융 지식과 소양을 기르기 위한 금융 전문 교육과정을 제공하고 있다.

수리금융학과의 교육 목표는 금융 현상을 이해하고 분석, 활용할 수 있는 미래의 금융 사회를 이끌어갈 아름다운 인재를 양성하는 데 있다. 경제 재무 분야의 기본

지식, 금융 현상의 수학적 분석 능력과 실무에 필요한 IT 능력을 갖추어 우리 사회가 더 풍요로워지는 데 기여하며, 금융 활동이 현대 자본주의 속에서 인간을 소외시키는 것을 경계하고 인류의 보편적 가치와 이상을 위해 헌신하는 실천적 금융인을 기르고자 한다."

2) 전형 요강

수리금융학과 2017학년도 수시 학생부 성적 현황과 교과성적 반영 방법은 자연계열 전학과의 수학교과(3과목) + 영어과목(3과목) + 과학과목(3과목) 총 9과목(석차등급 9등급)으로 변경한다.

수시 적성고사 출제문항 및 점수배점 조정
학생부 600점 + 전공적성고사 400점 = 총점수 1,000점
국어 30문항 × 3점 = 90점 / 수학 30문항 × 4점 = 120점

수리금융학과 2017학년도 정시 수능 반영방법 및 가산점 변경
국어, 수학, 영어 3개 영역 중 우수영역 2개 반영(각 40%) + 탐구 1과목(20%).
수학 '가'형 응시자는 수학영역 취득 점수의 5%를 수학영역 취득점수에 부여한다.

2017학년도 입학 정원은 41명이고 모집인원은 42명이며, 학생부교과 19명(학생부교과우수자 10명, 일반학생전공적성 7명, 사회배려자 2명), 학생부종합 12명, 그리고 정시 가군 11명을 수능 100%로 선발한다.

3) 입시 결과

2016학년도 수시모집 합격자 학생부 성적현황 교과성적 반영방법

자연계열 전학과: 수학교과(3과목) + 영어과목(3과목) + 과학과목(3과목) 총 9과목(석차등급 9등급).

일반학생(학생부교과우수자/ 학생부 9과목 100% 컷) 3.14

참인재(학생부 9과목 80% 컷) 4.59

일반학생(전공적성고사/ 학생부 9과목 80% 컷) 4.18

2017학년도 수리금융학과 모집인원

입학 정원	수시				정시
	학생부 교과			학생부 종합	가군
	학생부교과 우수자	일반학생 전공적성	사회배려자		
41	10	7	2	12	11

※ 모집인원은 42명임

17. 한양대 경제금융대학 경제금융학과

1) 학과(전공) 소개

"경제금융학부는 경제의 기본원리를 이해하고, 경제원리에 따라 경제현상을 분석, 분석 및 예측하여 정부정책이나 기업전략에 응용하며, 경제정책을 수립하고 평가할 수 있는 능력을 갖춘 경제인 그리고 주가, 이자율, 환율을 결정하는 금융시장의 메커니즘과 위험 등을 이해하고 이에 합목적적, 효율적으로 대응할 능력과 감각을 갖춘 금융인을 양성함을 목적으로 한다.

경제금융학부 출신 학생들은 기업과 정부기관, 금융기관, 교육기관 및 국제기구 등에 진출하여 경제원리를 업무수행에 응용하게 된다. 경제금융학부는 경제이론뿐만 아니라 국제화된 지식과 이해를 바탕으로 문화 및 학문적 다원성을 수용할 수 있는 과목을 적극 개발하여 세계 경제의 환경 변화에 적응하고, 능동적으로 선도할 수 있는 인재를 양성한다.

특히 경제금융학부에서는 전문성 제고와 차별화된 취업기회 부여를 위하여 산업·기술경제, 공공경제·정책, 국제통상을 세부 심화 분야로 지정하고, 금융부문을 특성화 분야로 지정하여 운영하고 있다.

1. 경제금융학부의 교육 목표는 세계를 경영할 글로벌 파워로 나아가는 한양대학교 New Hanyang 2020의 발전 계획에 따라 한국 사회를 떠받쳐온 한양의 힘을 새롭게 변화시켜 세계와 미래를 움직여 나갈 더 큰 힘을 가진 창조적 리더를 양성한다.

2. 학제적 접근방법을 통해 다양한 전문지식을 융합하여 다원화된 경제 금융 분야의 시장수요를 충족하고, 다양한 학문 이론과 기법을 교육함으로써 우리나라 경제 각 부문에서 실천적으로 활용할 수 있는 창조적 전문인을 양성한다.

3. 경제금융대학에서 제공하는 교양뿐만 아니라 법, 사회, 역사, 문화, 정보통신 등 폭넓은 교양교육을 교수함으로써 근면하고 정직하며 겸손한 인격을 갖춘 교양

인을 양성한다.

4. 세계화 시대를 맞아 세계 유수 대학의 강의에 견줄 수 있는 교수를 통해 정부, 금융기관, 기업, 국제기구 등에서 필요로 하는 실용인을 양성한다.

5. 국제화된 학문적 지식과 이해를 바탕으로 문화적 다원성을 수용할 수 있으며, 세계 경제 환경변화에 적응하고, 능동적으로 활약할 수 있는 세계인을 양성한다.

6. 전문적 지식함양뿐만 아니라 지역사회와 국가, 나아가 인류사회의 번영에 기여하는 봉사를 실천하는 봉사인을 양성한다."

2) 전형 요강

경제금융학부는 2017학년도에 전체 115명을 모집하며, 학생부교과 18명, 학생부종합(일반) 47명, 논술 20명, 학생부종합(고른기회) 5명, 수시 85명을 선발한다.

학생부교과는 1단계 학생부교과 100%, 2단계 면접 100%로 선발하며 수능은 면제한다. 학생부종합은 학생부종합 평가 100%로 수능을 면제하고, 면접은 없다. 논술은 논술 60%+학생부종합평가 40%로 고교과정 내에서 출제하며 수능은 면제한다.

2017학년도 경제금융학부 모집인원

| 입학 정원 | 수시 | | | 정시 |
| | 학생부 교과 | 학생부종합 | 논술 | 나군 |
		일반	논술우수자	
115	18	47	20	30

※ 학생부조합(고른기회) 5명 선발

3) 입시 결과

한양대학교 경제금융대학 경제금융학부와 경영대학 파이낸스경영학과의

2014년부터 2016학년도까지 학생부교과, 논술, 정시전형의 입시 결과를 게시한다. (자료는 한양대 입학처 홈페이지에서 발췌하였음.)

● 2014-2016학년도 학생부교과전형 최종등록자 학생부등급

학과	2014	2015	2016
파이낸스경영학과	1.05	1.04	1.01
경제금융학부	1.09	1.18	1.07

● 2014-2016학년도 논술전형 최종등록자 학생부등급

학과	2014	2015	2016
파이낸스경영학과	75.54	90.90	87.00
경제금융학부	73.84	90.22	81.20

※ 최종등록자 논술성적 100점 만점 환산점수

● 2014-2016학년도 정시가군 수능백분위: 상경계열 최종등록자 100%

학과	2014	2015	2016
파이낸스경영학과	75.54	90.90	87.00
경제금융학부	73.84	90.22	81.20

※ 최종등록자(전체) 국/영/수/탐(2과목) 4개 영역 백분위 평균(영역별 비율 반영하지 않음)

● 2014-2016학년도 정시나군 수능백분위: 상경계열 최종등록자 100%

학과	2014	2015	2016
파이낸스경영학과	95.23	―	―
경제금융학부	94.71	95.43	95.99

※ 최종등록자(전체) 국/영/수/탐(2과목) 4개 영역 백분위 평균(영역별 비율 반영하지 않음)

* "18. 한양대 경영대학 파이낸스경영학과" 입시 결과도 이와 동일함.

18. 한양대 경영대학 파이낸스경영학과

1) 학과(전공) 소개

"디지털 경제시대에 경영관리능력 및 현실적응력이 뛰어난 실용적인 인재를 양성"

"파이낸스경영학과는 최근의 금융시장 환경 변화와 시대적 요구에 부응하여, 금융산업의 전문 지식과 실무를 겸비한 글로벌 금융전문가 양성을 목표로 신설하게 되었다.

금융(Finance)경영학과에 입학하는 학생은 경영학도로서의 기본 자질을 갖추기 위해 다양한 경영학 과목을 이수함과 동시에 금융전문가로서의 특화를 위해 재무, 금융전공 교과목을 기본으로 경제학 및 수학 등 연계된 교과목을 폭넓게 이수하게 된다.

학생들은 본인의 적성과 희망에 따라 진로를 선택하고 재무금융전공 지도교수의 철저한 지도로 최적의 교과과정을 선택, 수강할 수 있는 맞춤형 교과과정을 수학하게 된다. 이를 통해 최적의 학습은 물론 지도교수와 형성된 돈독한 유대관계를 지속해 나갈 것이다.

졸업 후에는 주로 은행, 보험, 증권사 등 금융기관에 취업하여 펀드매니저, 애널리스트, 금융공학전문가, 금융위험관리전문가 등으로 역할을 하게 되며, 일반 기업에 입사하여서도 회사 업무의 핵심인 재무 관련 분야에서 역할을 수행하게 된다. 물론 교비 해외유학제도 등의 장학혜택을 이용하여 학자로서의 길을 걸을 수도 있다. 또한 대학 수학 기간에 CPA(공인회계사), CFA(국제공인재무분석사) 등 전문자격증을 취득할 수 있는 교과과정이 마련되어 있다.

재학 중 성적 상위자에게는 미국대학 1년 유학의 기회를 제공하고, 국내·외 주요 금융사의 다양한 인턴십 프로그램을 제공함으로써 실무에 적용 가능한 이론과 실무로 무장된 글로벌금융인을 배출해낼 것이다."

2) 전형 요강

파이낸스경영학과(상경)의 2017학년도 전체 43명을 모집하며 학생부교과 5명, 학생부종합(일반) 20명, 학생부종합(고른기회) 2명, 논술 6명 수시 33명을 선발한다.

파이낸스경영학과(자연)의 2017학년도 전체 7명을 정시 군에서 모집한다.

학생부교과는 1단계 학생부교과 100%, 2단계 면접 100%로 선발하며 수능은 면제한다. 학생부종합은 학생부종합 평가 100%로 수능을 면제하고, 면접도 없다. 논술은 논술 60% + 학생부종합평가 40%로 고교과정 내 출제하며 수능은 면제한다.

2017학년도 파이낸스경영학과 모집인원

입학 정원	계열	수시						정시
		학생부 종합		학생부교과	논술			가군
		일반	고른기회	교과	논술우수자			
48	인문	20	2	5	6			10
	자연	·	·	·	·			7

3) 입시 결과

* "17. 한양대 경제금융대학 경제금융학과" 입시 결과와 동일함.

19. 한양대(에리카) 보험계리학과

1) 학과(전공) 소개

보험계리학과는 전문적인 보험계리사 양성을 목표로 하는 국내 유일의 학과이다.

■ 보험계리사란?

사보험, 퇴직연금, 사회보험 및 금융 분야에서 확률이론, 금융공학 및 프로그래밍 방법을 이용해서 위험의 평가 및 분석을 통하여 리스크를 종합적으로 관리하는 직무를 담당하는 사람을 말한다.

■ 보험계리사의 역할
— 보험상품의 기획 및 고안
— 통계적인 기법을 활용해서 위험률의 개발을 통해 보험료율 산출
— 장래의 보험금 및 연금 등의 충분한 지급을 위한 책임준비금, 지급준비금 등 제
  적립금의 산출 및 평가
— 손익의 원인분석 및 평가를 통해서 잉여금의 합리적인 배분 결정
— 리스크 관리기법의 개발 및 평가를 통해 경영의 건전성 및 합리성 측정
— 계약자 배당률의 결정 및 배당금의 계산
— 보험 관련 업무처리의 기준 설정
— 각종 통계의 작성 및 분석을 통한 경영지표 제시
— 금융공학을 이용한 보증의 가치평가
— 금융공학을 이용한 보증의 헷징

■ 보험계리사의 활동영역
보험, 연금분야 / 퇴직연금분야 / 사회보험분야 / 금융공학분야

2) 전형 요강

보험계리학과의 2017학년도 모집 정원은 26명, 수시는 학생부교과 7명, 학생부종합 6명 수시모집 계 13명을 모집한다. 학생부교과는 학생부 100%로 수능 최저는 국어, 수학 나형, 영어, 사탐(2과목)이며 한국사는 필수 응시하고, 2개 등급 합이 6 이내이다. 학생부종합은 학업성취도, 꿈과 끼(적성), 꿈과 끼(인성)를 평가하며 수능 최저는 없다.

2017학년도 보험계리학과 모집인원

| 입학 정원 | 수시 | | 정시 |
	학생부 교과	학생부종합	군
26	7	6	13

3) 입시 결과

보험계리학과의 2016학년도 학생부교과 경쟁률은 10명 모집에 5.6:1이고, 실질경쟁률은 2.6:1, 내신등급 2.20이며, 충원율은 70%이다.

학생부종합전형의 입시 결과는 5명 모집에 8.8:1이고, 내신 상위 30%는 2.17, 내신 하위 30%는 3.56이다. 충원은 없다.

한편 정시 나군 최종등록자 기준 수능 평균은 89.18이고, 표준편차 1.77이며, 충원률은 40%이다.

한양대 에리카 캠퍼스의 대표 브랜드인 4년 장학 혜택(4년 반액 장학금 지급, 수시/정시 정원 내 최초합격자 해당)의 레인보우7 중 하나인 보험계리학과 입시 결과는 수시 내신등급 학생부교과 1.54이고, 학생부종합 2.77이며, 정시(수능백분위)는 89.01이다.

20. 경인여대 금융서비스과(2년제)

1) 학과(전공) 소개

"금융서비스과는 국내 최초의 금융기관 취업 및 세무, 회계분야의 대기업에 취업하고자 하는 인재를 양성하는 과이다.

현대 사회가 글로벌화, 정보화의 시대로 진입하게 됨에 따라 금융서비스의 분야가 고도로 전문화되어 은행, 증권사, 보험사, 카드사, 부동산업계 등의 분야뿐만 아니라 일반기업에서도 금융전문인력의 수요가 급증하고 있다.

교육 방향은 금융서비스과는 기본적으로 금융기관 등에 취업할 수 있도록 '은행텔러', '펀드투자상담사', '자산관리사(FP)' 등의 자격을 취득할 수 있도록 교육과정을 운영하고 금융업계의 직무능력에 필수적으로 필요한 '컴퓨터운용능력', '전산회계' 자격을 취득할 수 있도록 교육프로그램을 제공한다.

또한, 학생들은 졸업 후 금융실무 인력으로 활동할 수 있도록 '금융 관련 자격증 취득반'을 운영하고, 취업과 연계될 수 있도록 금융기관과 산학협력을 통하여 현장실습을 의무화하였다. 그리고 학생들에게 실직적인 취업에 도움이 될 수 있도록 금융회사 인사 담당자의 취업 특강, 모의면접, 현장체험 등을 운영하여 학생들에게 다양한 실습과 체험 기회를 제공한다."

2) 전형 요강

수시 1차, 2차 입학 정원은 35명이고, 정원 내에서 일반고 11명, 특성화고 2명을 선발한다. 정시는 일반전형이 10명, 특별전형은 3명이다.

수시 1차, 2차 성적 반영은 학생부성적 100%(총점 1,000점, 기본점수 720점)이다.

— 학생부 1, 2학년 성적 반영(단, 간호학과, 스마트미디어과 제외)
— 학생부성적 60%(총점 600점) + 면접 40%(총점 400점)

3) 입시 결과

2016학년도 입시 결과는 다음과 같다.
수시 1차 학생부 평균 5.73,
수시 2차 학생부 평균 5.42,
정시 1차 수능 평균 357, 최저 294. 학생부 평균 최저 5.74, 최저 6.23,
정시 2차 학생부 평균 3.07이다.

21. 웅지세무대 부동산금융평가과(3년제)

1) 학과(전공) 소개

"최고의 회계·세무특성화 대학인 웅지세무대학교는 철저한 수험 중심의 학사제도
와 개교 9년 만에 400여 명의 전문가를 배출한 경험으로 명실상부한 전문가 배출의
산실로 자리매김하였다. 여기에 관련 분야 최고전문가인 감정평가사와 회계사가
함께하고 축적된 회계·세무 인적 네트워크가 더해진 부동산금융평가과가 주목받
고 있다."

"학과 특징은 1) 감정평가사 전문과정 프로그램이다. 웅지세무대학교의 부동산금
융평가과는 우리나라 최초의 감정평가사 취득 전문 과정이다. 웅지세무대학교의
가장 큰 강점은 회계학 및 경제학에 대한 정복체계가 이미 검증되어 있고, 이를 바탕
으로 오랜 경륜과 전문성으로 무장된 실력 있는 감정평가사와 회계사들이 직접 맞
춤 강의를 하는 것이다. 웅지세무대학교는 최단기간 합격을 위한 준비가 되어 있다.
2) 부동산 실무전문가 양성을 겸한 서비스를 제공한다. 부동산의 거래, 중개, 가치
평가, 부동산투자, 개발사업, 부동산 경영, 부동산 전문 컨설팅 등 부동산과 관련된
종합적 교육을 체계적으로 제공하여 실무에서도 전문가가 될 수 있도록 한다. 3)
추가 자격증취득이 가능하도록 한다. 이제는 1인 1자격증 시대를 넘어 1인 Multi
자격증 시대이다. 부동산 관련 전문 자격증인 공인중개사, 주택관리사 과정과 회계
학 관련 전문 자격증인 회계사, 세무사 과정을 추가로 준비할 수 있다."

※ 전형 요강과 입시 결과는 대학 홈페이지를 확인하기 바랍니다.

II. 금융학과 지원 전략

제1원칙_ 전공적합성이 우선이다

금융학과의 지원은 건강한 인성, 수리적 능력, 경제의 이해, 국제적 안목, ICT 활용 등을 기반으로 전공에 적합한 적성과 능력을 갖추고 있는지 최종 검토하여 결정하기 바란다. 특히 영어와 수리 능력은 최소 필요조건임을 명심하여야 한다. 금융학과 내에서도 전공이 세부적으로 분류되므로 PART 4 금융학과 / I. 금융학과 개설 대학 리스트 / 1. 전공, 계열별 분류를 참고하기 바란다.

제2원칙_ 수시에 주력해야 한다

2017학년도 수시전형은 전체 69.9%이며 상위권 대학의 경우 수시의 비율이 더욱 증가한다. 특히 N수생의 정시 강세 현상에 미루어 볼 때 재학생의 경우 수시 전형에서 합격할 수 있도록 입시 전략을 수립하여야 한다. 재차 강조하지만 특별한 경우를 제외하고 재학생의 경쟁력은 수시에 있다.

제3원칙_ 수능이 당락의 결정적 요소이다

대학수학능력시험(수능)은 대학입시의 가장 중요한 요소이다. 많은 대학에서 수능최저학력기준을 폐지하거나 완화하는 추세이지만 수시전형의 학생부교과전형과 논술전형에서는 아직 많은 영향력을 행사하고 있으며, 정시전형은 수능이 절대적이라 할 수 있다. 국어, 수학, 영어, 탐구 등 4개 영역에서 목표하는 성적을 달성할 수 없다면 지원하는 대학이 제시하는 2, 3개 영역만을 선택하여 집중하는 전략이 요구된다.

제4원칙_ 수시의 지원형태를 결정한다

특수한 경우를 제외하고 수시전형 6회의 기회를 최대한 효율적으로 활용하여야 한다. 가장 중요한 사실은 수험생과 학부모가 허용할 수 있는─합격을 가정한다면 등록하고 입학하고 후회 없는 대학생활을 영위할 수 있는─ 최소한의 대학과 학과(전공)의 선택이 우선되어야 하며, 안정, 소신, 상향지원을 적절하게 배분하여 지원하여야 한다. 또한 대학입시 4단계 결정단계에서 살펴본 바와 같이 일반적 수험생은 수직적 지원이나 삼각형 지원 형태가 바람직하고, 적극적인 수험생의 경우 역삼각형 지원 형태가 효과적이다.

제5원칙_ 전형을 최소화한다

수시는 학생부교과, 학생부종합, 논술, 적성고사, 특기자전형으로 나눌 수 있다. 진학상담을 하다 보면 입시전략과 주관 없이 여러 전형에 지원하려는 수험생이 있다. 전형은 강점이 있는 2개 이내로 최소화해야 한다. 길지 않은 수험 기간을 최대한 효과적으로 활용하려면 전형의 압축이 절실하게 요구된다.

제6원칙_ 충실하게 면접 준비를 한다

학생부교과에서 단계별 전형이나 학생부종합전형에서 면접이 있는 경우 면접이 합격과 불합격에 매우 비중 있게 활용되므로 지원 대학의 기출문제, 시사성 있는 주제, 학생부의 여러 활동(예, 독서, 봉사, 창의체험활동 등)들을 면밀하게 분석 정리하여 면접관의 질문에 충실하게 대비하기 바란다. 수험생이 면접관이라는 입장에서 질문하고 대답을 도출하여 보기 바란다. 면접의 철저한 사전 준비는 합격의 지름길이다.

제7원칙_ 정시는 수능이 전부다

정시는 수능 100%와 수능 + 학생부의 2가지로 가히 수능 성적이 전부라 할 수 있다. 2017학년도는 정시 모집 인원은 전체의 30.1%인 107,076명으로 역대 대입 입시 사상 가장 적은 인원을 선발하므로 경쟁률이 높고 합격 가능성이 낮다. 따라서 모의고사 성적이 학생부교과나 학생부비교과보다 상대적으로 높게 나타나는 경우에 적합한 전형이다. 수능 성적 통지 이후 반영 과목, 반영 비율을 면밀하게 검토하여 안정, 소신, 상향으로 나누고 합격할 수 있는 대학과 학과를 토대로 지원 전략을 수립한다.

부록

Ⅰ. 2018학년도 대학전형 시행 계획

1. 대학교육협의회 2018학년도 대학전형 시행계획 발표

— 전체 모집 인원은 감소, 수시모집 선발 비중은 증가
— 수시는 학생부 위주, 정시는 수능 위주의 선발 안착
— 논술고사 실시 모집인원 감소
— 대학수학능력시험 영어영역 절대평가 전환에 따른 대학별 반영 방식 다양

□ 한국대학교육협의회(이하 대교협) 대학입학전형위원회는 전국 197개 4년제 대학교의 「2018학년도 대학입학전형 시행계획」을 발표하였다.

□ 대학입학전형위원회는 대학교육의 본질 및 초·중등교육의 정상적 운영을 훼손하지 않는 범위 내에서 각 대학이 「2018학년도 대학입학전형 시행계획」을 자율적으로 시행하도록 권고하였으며, 대학입학전형 간소화방침 준수, 일반전형 및 특별전형의 지원 자격이 전형 취지에 부합되도록 협의·조정하였다. 이에 따라 대학들이 자체적으로 수립한 전형 시행계획을 취합하여 발표하였다.

□ 「2018학년도 대학입학전형」의 주요 특징은 다음과 같다.

※ 대교협 대입상담센터 : ☎ 1600-1611
출처/ 대학교육협의회

❶ 전체 모집인원 감소, 수시모집 선발비중 증가 계속
◆ 전체 모집인원은 352,325명으로 2017학년도보다 3,420명 감소
※ 2016학년도 365,309명 → 2017학년도 355,745명 → 2018학년도 352,325명
◆ 수시모집에서 전년 대비 3.8%p 증가한 73.7% 선발

— 수시모집에서 전체 모집인원(352,325명)의 73.7%인 259,673명을, 정시모집에서 전체 모집인원의 26.3%인 92,652명을 선발

구분	수시모집		정시모집		계(명)
	모집인원(명)	비율(%)	모집인원(명)	비율(%)	
2018학년도	259,673	73.7	92,652	26.3	352,325
2017학년도	248,669	69.9	107,076	30.1	355,745
2016학년도	243,748	66.7	121,561	33.3	365,309

❷ 학생부 중심 전형의 비중이 지속적으로 증가

◆ 학생부 중심 전형의 비중이 전년도보다 3.6%p 증가하여, 전체 모집인원의 63.9%인 225,092명을 선발

※ 2016학년도 57.4% → 2017학년도 60.3% → 2018학년도 63.9%

구분	전형유형	2018학년도	2017학년도	2016학년도
수시	학생부(교과)	140,935명(40.0%)	141,292명(39.7%)	140,181명(38.4%)
	학생부(종합)	83,231명(23.6%)	72,101명(20.3%)	67,631명(18.5%)
정시	학생부(교과)	491명(0.1%)	437명(0.1%)	434명(0.1%)
	학생부(종합)	435명(0.1%)	671명(0.2%)	1,412명(0.4%)
합계		225,092명(63.9%)	214,501명(60.3%)	209,658명(57.4%)

❸ 수시는 학생부 위주, 정시는 수능 위주 선발 정착

◆ 핵심 전형요소 중심으로 표준화한 대입전형 체계에 따라 수시는 학생부 위주, 정시는 수능 위주의 대입전형 설계 안착

— 수시 모집인원 259,673명 중 224,166명(86.3%)을 학생부 전형으로 선발

— 정시 모집인원 92,652명 중 80,311명(86.7%)을 수능 위주 전형으로 선발

구분	전형유형	2018학년도		2017학년도	
수시	학생부(교과)	140,935명	40.0%	141,292명	39.7%
	학생부(종합)	83,231명	23.6%	72,101명	20.3%
	논술 위주	13,120명	3.7%	14,861명	4.2%
	실기 위주	18,466명	5.3%	17,942명	5.0%
	기타	3,921명	1.1%	2,473명	0.7%
	소계	259,673명	73.7%	248,669명	69.9%
정시	수능 위주	80,311명	22.8%	93,643명	26.3%
	실기 위주	11,334명	3.2%	12,280명	3.5%
	학생부(교과)	491명	0.1%	437명	0.1%
	학생부(종합)	435명	0.1%	671명	0.2%
	기타	81명	0.0%	45명	0.0%
	소계	92,652명	26.3%	107,076명	30.1%
	합계	352,325명	100.0%	355,745명	100.0%

❹ 논술 모집인원 지속 감소

◆ 논술시험을 실시하는 모집인원은 전년 대비 1,741명 감소

※ 2016학년도 15,349명 → 2017학년도 14,861명 → 2018학년도 13,120명

구분	2018학년도		2017학년도		2016학년도	
	대학 수	모집 인원	대학 수	모집 인원	대학 수	모집 인원
수시	31개교	13,120명	30개교	14,861명	30개교	15,349명
정시	0개교	0명	0개교	0명	0개교	0명
합계	31개교	13,120명	30개교	14,861명	30개교	15,349명

❺ 고른기회전형 모집인원 증가

◆ 고른기회전형으로 선발하는 모집인원은 전년 대비 1,223명 증가

※ 2016학년도 39,316명 → 2017학년도 39,083명 →2018학년도 40,306명

구분	2018학년도	2017학년도	2016학년도
정원내	16,500명(4.6%)	15,005명(4.2%)	14,803명(4.1%)
정원외	23,806명(6.8%)	24,078명(6.8%)	24,513명(6.7%)
합계	40,306명(11.4%)	39,083명(11.0%)	39,316명(10.8%)

❻ 지역인재 특별전형 모집인원 지속 증가

◆ 지역인재의 대학입학 기회 확대를 위해서 시행되고 있는 특별전형의 선발 규모 확대

구분	대학수	모집인원	총 모집인원 대비 비율(%)
2018학년도	81개교	10,931명	3.1%
2017학년도	81개교	10,120명	2.8%
2016학년도	79개교	9,980명	2.7%

❼ 정시모집에서 분할모집 대학 수는 소폭 감소

◆ 정시에서 분할모집을 실시하는 대학 중 가/다 분할을 제외한 다른 분할 모집은 감소

구분	가	나	다	가/나	가/다	나/다	가/나/다
2018학년도	22개교	25개교	21개교	39개교	27개교	26개교	43개교
2017학년도	21개교	27개교	18개교	43개교	24개교	27개교	46개교
2016학년도	24개교	22개교	20개교	40개교	23개교	27개교	51개교

❽ 대학수학능력시험 영어 영역 대학별 반영 다양

◆ 2018학년도 대학수학능력시험에서 절대평가로 전환된 영어 영역은 수시 113
개교, 정시 39개교가 최저학력 기준으로 활용하며, 정시에서 188개교는 비율
로 반영하고, 19개교는 가(감)점으로 반영함

모집 시기	반영 방법	대학 수
수시	최저학력기준	113개교
정시		39개교
정시	비율반영	188개교
	가점부여	12개교
	감점부여	7개교

※ 단, 같은 대학 내 모집 단위별 반영 방법이 중복 산정됨.

II. 한국형 무크(K-MOOC) 강의 리스트

1. 무크란(MOOC)란?

MOOC(Massive Open Online Course)란 온라인을 통해서 누구나, 어디서나, 원하는 강의를 무료로 들을 수 있는 온라인 공개강좌 서비스를 말합니다.

무크(MOOC)는 기존에 학습자가 수동적으로 듣기만 하던 온라인 학습 동영상과 달리 교수자와 학습자, 학습자와 학습자 간 질의응답, 토론, 퀴즈, 과제 제출 등 양방향 학습이 가능한 새로운 교육 환경을 제공합니다.

아울러, 수강인원의 제한 없이 누구나 수강이 가능하여 배경지식이 다른 학습자 간 지식 공유의 장을 제공함으로써 학습자는 대학의 울타리를 넘어 새로운 학습경험을 하게 될 것입니다.

2. 한국형 온라인 공개강좌(K-MOOC)

2015년 10월 첫선을 보일 한국형 무크(K-MOOC)는 2015년 4월 시범운영에 참여할 10개 대학, 총 27개 강좌를 공정한 심사를 거쳐 선정하였으며 참여대학은 각 대학의 명예를 걸고 최고 수준의 강좌로 개발하였습니다.

강좌가 탑재되고 학습자가 접속해서 사용하는 플랫폼은 "공개, 공유"라는 무크(MOOC)의 기본정신과 향후 콘텐츠의 국제적 호환성, 사용자 편의성 등을 종합적으로 고려하여 (美) MIT와 Harvard대에서 개발한 "Open edX 플랫폼"을 활용하여 구축하였습니다.

출처/국가평생교육진흥원

◆ 한국형 무크(K-MOOC) 시범서비스 오픈(www.kmooc.kr)

	대학명	과목명	교수자명	개강일
1	경희대	호모 폴리티쿠스: 우리가 만든 세계	유정완	11. 2
2		세계시민교육, 지구공동사회의 시민으로 살기	김 현	
3	고려대	일반인을 위한 일반상대성 이론	이종필	11. 2
4		Quantum Mechanics For IT/NT/BT	김대만	10. 26
5		민법학 입문	명순구	
6		고전문헌과 역사문화	심경호	
7	부산대	생명의 프린키피아	김희수	11. 2
8		사회적 기업: 아름다운 경영이야기	조영복	
9	서울대	경제학 들어가기	이준구	11. 2
10		우주와 생명	김희준	
11	성균관대	논어: 사람의 시야를 트는 지혜	신정근	10. 26
12		창의적 발상: 손에 잡히는 창의성	박영택	
13	연세대	문학이란 무엇인가	정명교	11. 2
14		서비스디자인	김진우	
15		우주의 이해	손영종	
16	이화여대	현대물리학과 인간사고의 변혁	김찬주	10. 26
17		영화 스토리텔링의 이해	류철균	
18		인간행위와 사회구조	함인희	
19		건축으로 읽는 사회문화사	임석재	
20	포항공과대	기계공학개론: 연속체 역학과 유한요소해석	박성진	11. 2
21		디지털 통신시스템: 변복조와 전력 스펙트럼	조준호	
22	한국과학기술원	동역학	김양한	11. 2
23		인공지능 및 기계학습	김기응 오혜연	
24	한양대	건축공간론	서 현	10. 26
25		정책학 개론	김정수	
26		경영데이터마이닝	김종우	
27		정보사회학 입문	윤영민	

◆ 16년 신규 무크 대학 및 개발 강좌 (대학명 가나다순)

대학명 (가나다순)		2016년 신규 개발 강좌		
		전공계열	과목명 (변동 가능)	교수자
1	경남대	사회 (사회과학)	세계인의 북한읽기	윤대규 Dean Ouellett, Kelly Hur
		사회 (생활과학)	저출산 고령화와 다문화	강인순, 권현수
2	대구대	교육 (특수교육)	함께 하는 장애 탐험	김용욱
		사회 (사회과학)	사회 복지 정책론 — 행복한 사회와 정책에 대한 이해	이진숙
3	상명대 (천안)	인문 (인문과학)	한국의 세계유산	장영숙
		인문 (언어문학)	호모링구아 — 언어는 인간을 어떻게 형성하는가	김미형 외
4	성신여대	예체능 (무용·체육)	융합문화 예술의 실제: 발레	김주원
		인문 (인문과학)	우리 문화 속의 한자어	김용재
5	세종대	공학(컴퓨터·통신)	4차 산업혁명과 사물인터넷 입문	송형규 외 2명
		공학(컴퓨터·통신)	정보보호와 보안의 기초	송재승
		공학(컴퓨터·통신)	알기 쉬운 드론항법 제어	홍성경
6	숙명여대	사회(법률)	문학과 영화를 통한 법의 이해	홍성수
		사회과학	범죄 행동의 심리학	박지선
7	영남대	공학(컴퓨터·통신)	자료 구조	조행래
		예체능 (무용.체육)	발레 전공 실기	우혜영
8	울산대	공학(산업)	한국산업의 현재와 미래: 주력사업	조지운 외 6명
		의약(의료)	가족과 건강: 심뇌혈관질환 예방과 관리	김영식
9	인하대	사회 (사회과학)	사회의 탐색: 경제, 경영, 회계, 법학에 눈을 뜨다	최준혁 외
		사회 (경영·경제)	세상을 바꾸는 스타트업 이야기	허원창 외
10	전북대	예체능(음악)	판소리의 이해	정희천
		공학(건축)	한옥의 이해	남해경

※ 개발강좌 및 강좌명은 대학 사정에 따라 변동 가능

◆ 15년 무크대학의 16년 신규 개발 강좌 (대학명 가나다순)

	대학명 (가나다순)	2016년 신규 개발 강좌		
		전공계열	과목명 (변동 가능)	교수자
1	경희대	공학(정밀·에너지)	솔직한 원자력 이야기	김명현
2		인문(인문과학)	한국철학사, 한국지성사의 거장들을 만나다	전호근
3		자연(수학·물리·천문·지리)	빅뱅 콘서트, 우주·생명·문명	김성수
4	고려대	공학(전기전자)	이동통신공학	고영채
5		인문(언어·문학)	셰익스피어	박용남
6		자연 (생물·화학·환경)	생물학적 인간	나흥식
7	부산대	공학(기계·금속)	고체역학	안득만
8		인문(인문과학)	행복한 결혼	김세환
9		사회(경영·경제)	글로벌 경제의 이해	김영재
10	서울대	자연(생활과학)	소비자와 시장	김난도
11		사회(사회과학)	흔들리는 20대: 청년 심리학	곽금주
12		교육(교육일반)	상담학 들어가기	김창대
13		(SKP) 기계공학	Fun-MOOC, 기계는 영원하다	이건우 외
14		(SKP) 화학	화학: 세상의 거의 모든 것!	김성근 외
15	성균관대	인문(경영·경제)	중국마케팅	김용준
16		자연(수학·물리·천문·지리)	미적분학	최영도
17		자연 (생물·화학·환경)	생명의 과학	이우성
18		한국학	한국어 초급 I	김경훤
19	연세대	사회(경영·경제)	경험디자인	김진우
20		사회(경영·경제)	경제학 첫 걸음 PART I : 미시경제학	정갑영
21		사회(경영·경제)	경제학 첫 걸음 PART II : 거시경제학	정갑영
22		인문(인문과학)	가치 있는 삶을 사는 철학과 윤리	김형철
23		한국학	한국의 경제발전	이두원
24	이화여대	사회(사회과학)	과학적 예술로서의 광고심리	양윤

25		예체능(미술·조형)	디지털 스토리텔링	최유미
26		예체능(응용예술)	음악과 과학기술	여운승
27		공학(컴퓨터·통신)	빅데이터의 세계, 원리와 응용	신경식
28	포항공대	자연(수학·물리·천문·지리)	일반물리학	정윤회
29		자연(생물·화학·환경)	분자진화론	김상욱
30		공학(컴퓨터·통신)	빅데이터 입문	유환조
31		(SKP) 화학공학	재미있는 화학공학	이건홍 외
32		(SKP) 재료공학	재미있는 재료공학	김도연 외
33	한국과학기술원	사회(경영·경제)	사회적 기업과 IT경영	정승찬 외
34		공학(기계·금속)	음향학	김양한
35		사회(경영·경제)	소셜벤처창업	이병태 외
36		(SKP) 생명공학	생명과학	김정희 외
37	한양대	사회(사회과학)	현실경제의 이해	임덕호
38		자연(생물·화학·환경)	생활 속의 화학	김민경
39		사회(사회과학)	창조경영의 구현을 위한 인적자원관리	전상길

* (SKP) : 서울대-KAIST-포항공대 공동개발 강좌

◆ 재정지원사업 활용 개발 강좌(대학명 가나다순)

	대학명 (가나다순)	2016년 신규 개발 강좌			활용 사업명
		전공계열	과목명	교수자	
1	가천대	공학(산업)	데이터 과학을 위한 Python 입문	최성철	ACE
2		공학(산업)	Optimization with Python I	최성철	ACE
3	건양대	의약(치료·보건)	시력교정 원리의 이해	정주현	CK
4		인문(인문과학)	역사가 영화를 만날 때	김형곤	ACE
5	공주대	인문(인문과학)	역사문화의 블루오션 바로보기	이해준	CK

6		공학(산업)	농업 6차 산업의 이해	강경심	CK
7	금오공대	공학 (기계 · 금속)	유체역학	박준영	CK
8	단국대	인문(인문과학)	과학적 사고와 인간	이영희 외	CK
9	동국대	자연 (생물 · 화학 · 환경)	삶은 화학물질과의 소통이다 : 웰빙 사이언스	여인형	ACE
10	동신대	사회(사회과학)	여론조사의 이해	조지현	ACE
11	목원대	사회(사회과학)	노령사회와 노인복지	권중돈	ACE
12	부산외대	인문(언어 · 문 학)	일본어 문법	배은정	CK
13	삼육대	인문(인문과학)	중독상담	서경현	CK
14	상명대 (서울)	자연(생물 · 화 학 · 환경)	일반인을 위한 첨단 과학기술의 세계	이명호	ACE
15		사회(사회과학)	My Major & Big Data	강상욱	ACE
16	상명대 (천안)	공학 (컴퓨터 · 통신)	컴퓨터 구조	박병수 외	CK
17	서울시립대	사회(경영 · 경 제)	쉽게 이해하는 FTA	정 석	ACE
18		공학(토목 · 도 시)	시민을 위한 도시학 개론	선항경	ACE
19	중앙대	교육(교육일반)	미래교육을 디자인한다	송해덕	ACE
20		의약(의학)	인체의 구조와 기능	이무열	ACE
21	충남대	자연(의료)	수사는 과학이다	정희선	ACE
22		사회(사회과학)	심리학 START	전우영	ACE
23	한동대	사회(사회과학)	중독의 심리학	신성만	ACE
24	한림대	인문(인문과학)	개념으로 읽는 동아시아 근현대	장윤식 외	ACE
25		사회(사회과학)	Cybercrime and Digital Forensic Investigation	이경구 외	ACE

※ 대학사정에 따라 개발과목 등에 변동이 있을 수 있음

※ CORE 사업 활용 개발 예정 강좌(총6개) 추가 예정

III. 통계학과 소개 및 전국 통계학과 리스트

금융학과와 불가분의 관계를 맺고 있는 전국 대학의 통계학과 리스트를 게재하니 입시에 참고하기 바란다. 전국 대학의 통계학과는 39개 대학에 전공이 설치되어 있으며 인문사회계열 8개 대학(가천대, 건국대, 경기대, 고려대, 단국대, 연세대, 중앙대, 한남대)과 자연과학계열로 31개 대학이 분류된다. 지역으로 세분하여 보면 서울 12개 대학, 강원 2개, 경기 5개, 인천 1개 등 수도권 대학에 8개 대학, 대전 3개, 충북 2개 등 충청권 대학에 5개 대학, 부산 2개, 대구 1개, 경남 3개, 경북 4개 등 영남권에 10개 대학, 광주 2개, 전북 1개 등 호남권에 3개 대학과 제주 1개 대학이 개설되어 있다.

○ 서울대학교 통계학과의 전공 소개를 살펴본다
(아래의 글은 서울대학교 통계학과 홈페이지에서 발췌하였다.)

(1) 통계학이란?

통계학은 자연현상, 사회현상, 경제현상 등의 여러 분야에서 얻어지는 자료를 과학적 분석방법을 통해 현 현상을 파악하고 이를 바탕으로 미래를 예측하는 수단을 제공하는 학문이다. 이처럼 통계학은 연구결과에 의미 있는 결과를 얻고자 하는 모든 방면에 적용 가능한 학문으로 모든 학문 분야에서 필수적인 역할을 하는 학문이라 할 수 있다.

(2) 통계학 분야

통계학은 학문의 특성에서 이론통계분야와 응용통계분야로 나눌 수 있다. 이론통계의 대표적인 분야는 확률론과 이론통계이며, 응용통계의 대표적인 분야로는 선형모형, 시계열분석, 실험계획, 표본설계, 전산통계 등이 있다. 특히 응용분야는 연구 대상에 따라 생물통계, 경제통계, 공업통계, 환경통계, 공식통계 등 일일이 열거할 수 없을 정도로 다양하다.

이론 분야에서도 순수 이론 연구에 전념할 수도 있으며, 응용에 관심을 갖고 연구할 수도 있다. 예를 들어 확률론에서도 순수수학과 같은 이론을 연구하는 분야도 있고, 확률과정 등의 응용을 통하여 공학, 영상 인식 등에 깊이 관련된 분야를 연구할 수도 있다. 이론통계에서는 통계학의 밑바탕이 되는 이론의 개발과 함께 통계학의 여러 응용 분야와 밀접한 관련을 갖는 통계적 방법론을 연구할 수도 있다.

응용통계에서는 경영학, 의학, 생물학, 공학, 교육학 등 여러 분야의 실제 문제에 통계적 방법을 적용하는 것에 주로 관심을 가지고 있다. 이와 같이 통계학은 이론과 응용을 넘나들면서 각자의 적성과 취향에 따라 전공분야를 선택할 수 있는 학문적 특성을 갖고 있다.

(3) 통계학의 사회적 역할

현대 사회에서는 특히 컴퓨터의 발달과 더불어 대량 자료의 신속한 처리가 가능해짐에 따라 기초과학을 비롯하여 산업 분야, 의학 및 통신 분야, 경제 및 사회과학 분야 등 사회의 모든 분야에서 통계적 방법의 활용이 증가하고 있다. 예를 들어 정부정책 수립 과정에서 필요한 정보를 얻기 위하여 표본조사를 실시하며, 제조업에서는 제품의 품질을 일정 수준으로 유지하기 위하여 통계적 품질관리를 실시하고, 의학의 발달에 따라 임상실험을 계획하고 결과를 분석하는데 통계학의 역할이 절대적이라고 할 수 있다.

(4) 통계학의 미래

현대 사회에서 관심의 대상인 환경문제에서도 통계학의 도움이 없이는 현실의 진단이 불가능하며, 마케팅 분야에서도 통계학의 이용이 급격히 증가하고 있는 추세이다. 컴퓨터의 발달은 통계학의 발전에도 지대한 공헌을 한 것이 사실이다. 어려운 이론에서 나온 복잡한 계산도 쉽게 처리해주고 있으며, 많은 실용적인 통계적 방법들이 패키지로 만들어져서 보급됨에 따라 현장에서는 쉽게 통계적 방법에 접근할 수 있게 되고, 이러한 사실들은 거의 모든 분야에서 통계학이 활용될 수 있는 계기가 되었다. 따라서 통계학은 수학은 물론이요, 전산과학과도 매우 밀접한 관계를 갖고 있다.

우리나라에서는 아직 통계학에 대한 인식이 부족하나 우리나라가 선진화되고 모든 분야가 개방되는 상황에서 통계학에 대한 수요는 폭발적으로 증가할 것이다. 미국의 유수 일간지에서 21세기의 유망한 직종으로 통계학이 top10 그룹에 들어간 것을 보면 이를 뒷받침한다. 따라서 젊은이의 개척정신으로 미래를 보고 통계학에 투신한다면 좋은 결과를 얻을 수 있을 것이다.

(5) 졸업생의 진로

2008년 구글의 수석경제학자인 Hal Varian은 통계학이 다음 세대의 꿈의 직종이 될 것이라고 예언했다. 또한 뉴욕타임스를 비롯한 많은 국내외 언론에서 앞다투어 통계학에 대해서 밝은 전망에 제시하고 있다. 이러한 추세에 발맞추어서 외국의 유수 대학의 통계학과 전공학생의 수가 최근 몇 년간 폭발적인 추세로 증가하고 있고 또한 정부와 산업계에서는 빅데이터 분석 전문가의 인력에 대한 수요가 급증하고 있다. 이러한 추세에 발맞추어 서울대 통계학과는 시대적 조류에 맞는 교육을 실시하여 첨단산업 인력 양성과 학문 후속 세대 양성을 목표로 하고 있다.

서울대학교 통계학과의 경우 학사, 석사의 경우 국내외 석 · 박사과정 진학과 금융, 보험관련업계 취업이 주를 이르고 있으며, 박사의 경우 졸업 후 대다수의 학생들이 국외 유수 대학과 연구기관에 박사후 연구원으로 채용된 후 국내 · 외 대학 정년트랙 교수로 재직하고 있다. 2000년대 박사 졸업생 58명 중 22명이 국내외 대학에 정년트랙 교수로 재직하고 있다. 현재 최근 통계학과 박사 졸업생이 재직 중인 국내외 대학으로는 University of Georgia, University of Virginia, 이화여대, 숙명여대, 중앙대, 한국외국어대, 서울시립대, 건국대, 인하대 등이 있으며, 산업체의 경우 아산병원, 삼성카드, 삼성종합기술원, 한국은행, 네이버, 삼성전자, Bell Lab Seoul 등 IT, 의료와 금융 분야에 주로 진출하고 있다.

전국 대학 통계학과 리스트(40개교)

대학	학과	계열/입학 정원	지역	구분
가천대학교(본교)	응용통계학과	인문/50	경기	사립
강릉원주대학교(본교)	정보통계학과	자연/30	강원	국립
강원대학교(본교)	정보통계학과	자연/32	강원	국립
건국대학교(본교)	응용통계학과	인문/55	서울	사립
경기대학교(본교)	응용정보통계학과	인문/60	경기	사립
경북대학교(본교)	통계학과	자연/36	대구	국립
경상대학교(본교)	정보통계학과	자연/34	경남	국립
고려대학교(본교)	통계학과	인문/67	서울	사립
단국대학교(본교)	응용통계학과	인문/40	경기	사립
대구대학교(본교)	전산통계학과	자연/36	경북	사립
대전대학교(본교)	통계학과	자연/30	대전	사립
덕성여자대학교(본교)	정보통계학과	자연/46	서울	사립
동국대학교(본교)	통계학과	자연/40	서울	사립
동국대학교(경주)	응용통계학과	자연/35	경북	사립
동덕여자대학교(본교)	정보통계학과	자연/45	서울	사립
부경대학교(본교)	통계학과	자연/30	부산	국립
부산대학교(본교)	통계학과	자연/37	부산	국립
서울대학교(본교)	통계학과	자연/24	서울	국립
서울시립대학교(본교)	통계학과	자연/29	서울	공립
성균관대학교(본교)	통계학과	자연/12	서울	사립
성신여자대학교(본교)	통계학과	자연/36	서울	사립
숙명여자대학교(본교)	통계학과	자연/49	서울	사립
안동대학교(본교)	정보통계학과	자연/29	경북	국립
연세대학교(본교)	응용통계학과	인문/58	서울	사립
영남대학교(본교)	통계학과	자연/52	경북	사립
인제대학교(본교)	통계학과	자연/39	경남	사립
인하대학교(본교)	통계학과	자연/36	인천	사립
전남대학교(본교)	통계학과	자연/30	광주	국립
전북대학교(본교)	통계학과	자연/34	전북	국립

대학	학과	계열/ 입학 정원	지역	구분
제주대학교(본교)	전산통계학과	자연/33	제주	국립
조선대학교(본교)	컴퓨터통계학과	자연/39	광주	사립
중앙대학교(본교)	응용통계학과	인문/16	서울	사립
창원대학교(본교)	통계학과	자연/30	경남	국립
청주대학교(본교)	통계학과	자연/40	충북	사립
충남대학교(본교)	정보통계학과	자연/30	대전	국립
충북대학교(본교)	정보통계학과	자연/34	충북	국립
한국외국어대학교(용인)	통계학과	자연/38	경기	사립
한남대학교(본교)	비즈니스통계학과	인문/32	대전	사립
한신대학교(본교)	응용통계학과	자연/41	경기	사립

출처/대교협

※ 이화여대 자연과학대학 수학과 물리학과 통계학과 총 118명 모집(통계학과 수시전형 모집인원 38명, 논술 10명/ 고교추천 11명/ 미래인재 10명/ 고른기회 1명/ 수학과학특기자 6명 모집)

IV. 대입에 도움 되는 팟캐스트

대입에 도움이 되는 팟캐스트 음원의 청취 방법은 PC의 경우 팟빵 웹사이트에서, 스마트폰의 경우 팟빵 앱에서 해당 음원을 검색하기 바란다.

1) 학부모를 위한 진로 레시피

◆ 내용: 학부모가 궁금해 하는 진학정보, 진로 고민 상담, 직업정보 등을 제공하는 학부모 진로교육 오디오 방송
◆ 음원 예시

(시즌 4-13_ 2016. 05. 11)   "많은 고등학교, 어디를 선택할 것인가"

(시즌 4-12_ 2016. 05. 09)   "미래 직업 트랜드 분석"

(시즌 4-9/10_ 2016. 05. 02/04) "2017-18 대학전형과 대해부 전망 1, 2"

(시즌 4-8_ 2016. 04. 29.)   "해외명문 독서교육 이야기"

(시즌 4-6_ 2016. 04. 25)   "꿈의 시작 독서 시작하세요"

(시즌 4-3_ 2016. 04. 18)   "착한 교육설명회 3_ 미래를 생각하는 교육법"

(시즌 4-2_ 2016. 04. 15)   "착한 교육설명회 2_ 아빠도 알아듣는 2107입시"

(시즌 4-1_ 2016. 04. 14)   "착한 교육설명회 1_ 저성장 시대 학벌은 40까지"

2) 서울대는 어떻게 공부하는가?

◆ 내용:『365 공부비타민』의 저자 한재우가 진행하는 본격 공부 자극 팟캐스트
◆ 음원 예시

(E103) 2016. 06.03 사람들 앞에서 말하기 전 불안감을 극복하는 법

(E 96) 2016. 05. 18 성실한 노력이란 기초 체력 같은 것 – 태도에 관하여

3) 입시왕

◆ 내용 : 모두를 위한 대학입시 컨설팅
◆ 음원 예시
(시즌 3 /15회) 2016. 06. 03 / 2018 대학입시 맛보기 2부
(시즌 3 /15회) 2016. 06. 02 / 2018 대학입시 맛보기 1부
(시즌 3 /13회) 2016. 05. 10~11 / 내신 공부법 특집

4) 왕쌤의 교육이야기

◆ 청소년의 진로 진학, 교육 현장을 생각하는 팟캐스트 방송, 강연, 상담문의
◆ 음원 예시
(289_ 2016. 06. 06.) "수능 2등급의 우수고... 우리가 알아야 할 것은?"
(286_ 2016. 06. 05) "특목고, 자사고의 바닥을 깔아주는 아이들..."

5) 착한 입시상담소

◆ 네이버 밴드 착한 입시상담소의 팟캐스트 이준, 장용석, 이준혁, 마이캠퍼스가
  진행하는 본격 힐링 학부모 팟캐스트
◆ 음원 예시
(시즌2 19회_ 2016. 06. 04.) "6월 모평과 지금부터 준비해야 할 것들"
(시즌 2 16회_ 2016. 04. 28) "논란의 학생부종합전형, 과연 금수저만의..."

6) 대치동 엄마도 모르는 진짜 입시 이야기

◆ 입시전문가 조원장과 전노답, 전쪼랩이 풀어가는 입시 지옥 탈출 프로그램! 입
  시 NO답에서 입시 KNOW로.

◆ 음원 예시

(15, 16, 17, 18화_ 2016. 05. 26-06. 06) "자기소개서 1, 2, 3, 4탄"

(7화_ 2016. 04. 26) "전공별 비교과 포커스: 경영/경제"

7) 경제브리핑 불편한 진실

◆ 경제뉴스가 연예뉴스만큼 편해지는 그 날까지

◆ 음원 예시

[경제브리핑 20160603]　　　　"성공하려면 인성부터"

[경제브리핑 20160504]　　　　"호황기는 절대 돌아오지 않는다?"

8) 별별경제이야기

◆ 청소년들에게 들려줄 수 있는 다양한 경제이야기를 다룬다. 삶에 기반을 둔 경제, 경쟁만이 아닌 협동의 원리로 배워가는 새로운 경제이야기

◆ 음원 예시

(별별경제이야기 10_ 2016. 04. 30)　　　"돈 돈 돈"

(별별경제이야기 6_ 2016. 04. 02)　　　"더불어 사는 경제 이야기"

9) 적콩무(적분이 콩나물 사는데 무슨 소용이 돼)

◆ 수포자를 위한 트라우마 극복 심리치료 힐링 방송

◆ 음원 예시

(EP 19_ 2016. 05. 30)　　　"제논의 역설/무한급수"

(EP 15_ 2016. 04. 26)　　　"숫자에 미친 피타고라스"